JN059150

大学生の微積分学

硲　文夫 著

学術図書出版社

はじめに

近年の入試制度の多様化の影響で，大学に入学してくる学生たちの学力もまた実に多様である．特に微積分については，数学 II までしか学習していない学生が，多項式の微分法のみの知識で，しかも計算力の鍛錬すら十分でないまま大学での授業に直面することとなる．本書はそのような学生をも視野に入れつつ，しかも大学初年次で学ぶべき微積分の基礎を確実に身につけさせることを主眼として，四部構成とした．

第一部「本編」は 20 章から成り，高校で学ぶ微積分の基本事項から始めて，多変数関数の微積分にまで話を進める．第二部「基礎事項詳説」は 8 章から成り，第一部第 1 章で述べたさまざまな基本公式の成り立つ理由を，詳しくしかも丁寧に解説した．高校で「数学 II」までしか学習していない，あるいはもう一度しっかり復習したい，という人たちはぜひ活用して欲しい．また第三部では，微積分学の発見・発展に貢献した数学者たちの中から特にニュートンとライプニッツの二人をとりあげて，彼らの着想に至る足取りを追った．天才たちのたゆむことのない努力と，そこから生まれてくる発想力に筆者とともに驚いて頂ければ，微積分学の理解がさらに深まるものと信じている．第四部「数学の勉強法」は，筆者自身の数学修業を踏まえて述べたもので，微積分に限らず数学のいろいろな分野を初めて学習しようとするときの一つの指針となると思う．

本書の最大の特徴は，第一部のそれぞれの章の内容を動画でも学習できるようにした点である．これは，オンラインでの講義を行った際に，筆者が keynote 上で作成した動画にナレーションを埋め込んで，教科書を読むだけではなく，見てそして聞きながら，リアルタイムで内容を身につけられるよう工夫したものである．

理工系のどの分野においても，微積分の基本事項の理解と確固とした計算力は必須である．本書を，はじめて学ぶときの教科書としてのみならず，将来微積分が必要となったときに手軽に参照できるマニュアルとしても活用していただければ幸いである．

解説動画や正誤表を掲載している教科書サポートページ

https://www.gakujutsu.co.jp/text/isbn978-4-7806-1181-6/

目　次

第一部　本編

解説動画 →

1　微積分の基本

高校で学ぶ基本的な関数の微分と積分の公式をまとめておく．

1.1　基本的な関数の微分

次の 5 つの関数の微分の公式が基本となる．

公式 1.1

(1) $(x^n)' = nx^{n-1}$

(2) $(\sin x)' = \cos x$

(3) $(\cos x)' = -\sin x$

(4) $(e^x)' = e^x$

(5) $(\log x)' = \dfrac{1}{x}$

これらの関数どうしを足したり，掛けたりしたものの微分については，以下の 2 節の公式を用いればよい．

1.2　和・差・定数倍の微分

公式 1.2

2 つの関数 $f(x)$ と $g(x)$ について，

(1) それらの和の微分は

$$\{f(x) + g(x)\}' = f'(x) + g'(x)$$

(2) それらの差の微分は

$$\{f(x) - g(x)\}' = f'(x) - g'(x)$$

(3) 関数 $f(x)$ の定数倍 $cf(x)$ の微分は

$$\{cf(x)\}' = cf'(x)$$

注意. この公式の内容は，言葉で言うと

「和の微分は微分の和」
「差の微分は微分の差」
「定数倍の微分は微分の定数倍」

と表される．これらをまとめて「微分という操作は線形性を持つ」と言う．

例題 1. $(\sin x + \cos x)'$ 求めよ．

解　公式 1.2 の (1) を用いれば，それぞれの微分の公式から，次のように計算される：

$$\begin{aligned}(\sin x + \cos x)' &= (\sin x)' + (\cos x)' \quad (\Leftarrow \text{公式 1.2 の (1)}) \\ &= \cos x - \sin x \quad (\Leftarrow \text{公式 1.1 の (2) と (3)})\end{aligned}$$

例題 2. $(3e^x + 4\log x)'$ 求めよ．

解　微分の線形性を用いれば，それぞれの微分の公式から，次のように計算される：

$$\begin{aligned}(3e^x + 4\log x)' &= (3e^x)' + (4\log x)' \quad (\Leftarrow \text{公式 1.2 の (1)}) \\ &= 3(e^x)' + 4(\log x)' \quad (\Leftarrow \text{公式 1.2 の (3)}) \\ &= 3e^x + \frac{4}{x} \quad (\Leftarrow \text{公式 1.1 の (4) と (5)})\end{aligned}$$

1.3　曲線の接線

公式 1.3
関数 $y = f(x)$ のグラフの上の点 $(a, f(a))$ における接線の方程式は

$$y = f'(a)(x - a) + f(a)$$

例題 3. 関数 $y = x^3 - 2x^2$ の $x = 1$ に対応する点における接線の方程式を求めよ．

解　$f(x) = x^3 - 2x^2$ とおき，その微分を求めると

$$f'(x) = 3x^2 - 4x$$

である．したがって，その $x=1$ のときの値は

$$f'(1) = -1$$

である．また $f(x)$ の値は

$$f(1) = -1$$

である．よって接線の方程式は公式 1.3 より

$$\begin{aligned} y &= f'(1)(x-1) + f(1) \\ &= -(x-1) - 1 \\ &= -x \end{aligned}$$

である．グラフは下図のようになっている：

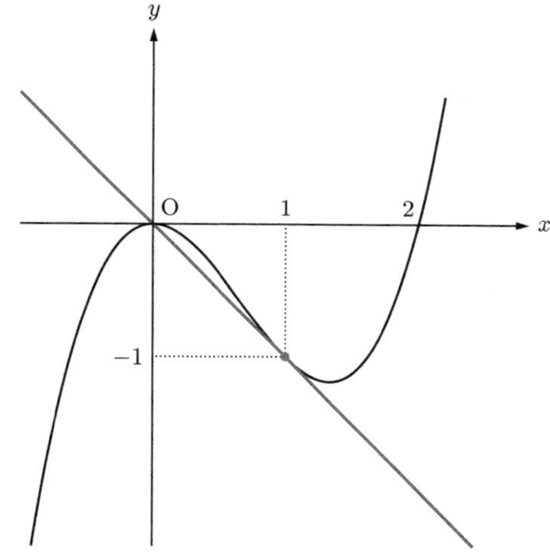

1.4　関数の極値

公式 1.4

関数 $y=f(x)$ が極大または極小となる x は $f'(x)=0$ をみたす．

例題 4．関数 $y=x^3-6x^2+9x$ の極値を求めて，そのグラフを描け．

解 $f(x) = x^3 - 6x^2 + 9x$ とおいて微分すると

$$\begin{aligned} f'(x) &= 3x^2 - 12x + 9 \\ &= 3(x^2 - 4x + 3) \\ &= 3(x-1)(x-3) \end{aligned}$$

となる．したがって $f'(x) = 0$ となる x の値は $x = 1, 3$ である．ここで $f(x)$ は 3 次関数であって，その x^3 の係数が正だから，小さいほうの $x = 1$ で極大となって極大値は $f(1) = 4$，大きいほうの $x = 3$ で極小値 $f(3) = 0$ をとる．したがってグラフは下図のようになる．

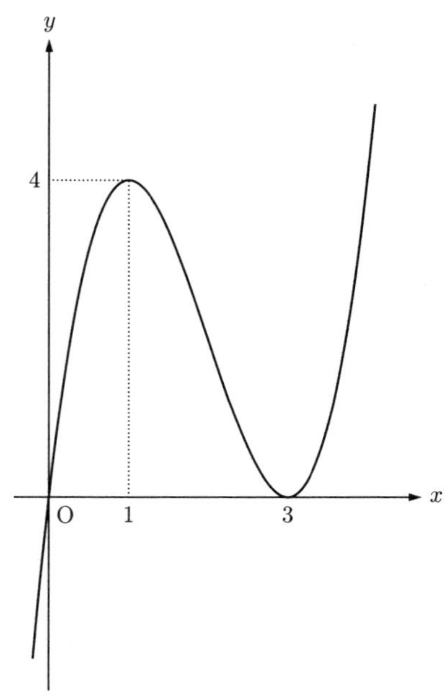

1.5 基本的な関数の積分

次の 5 つの関数の積分の公式が基本となる．

公式 1.5

(1) $\displaystyle\int x^n dx = \frac{x^{n+1}}{n+1} + C \quad (n \neq -1)$

(2) $\displaystyle\int \sin x dx = -\cos x + C$

(3) $\displaystyle\int \cos x dx = \sin x + C$

(4) $\displaystyle\int e^x dx = e^x + C$

(5) $\int \frac{1}{x} dx = \log x + C$
(ただし C は積分定数)

1.6　積分と面積

定積分を用いて面積を求めるためには次の公式を用いる.

公式 1.6
関数 $y = f(x)$ のグラフが関数 $y = g(x)$ のグラフより上にあるとき, これらのグラフと, 直線 $x = a$, $x = b$ $(a < b)$ とで囲まれた部分の面積 S は次で与えられる：

$$S = \int_a^b (f(x) - g(x))dx$$

例題 5. 関数 $y = x^3 - 4x^2 + 4x$ と x 軸で囲まれた部分の面積を求めよ.

解　この関数のグラフと x 軸との交点の x 座標は, $y = x^3 - 4x^2 + 4x = 0$ を解いて

$$x^3 - 4x^2 + 4x = x(x^2 - 4x + 4) = x(x - 2)^2 = 0$$

より, $x = 0, 2$ (重解) である. $x = 2$ が重解であることから, グラフは

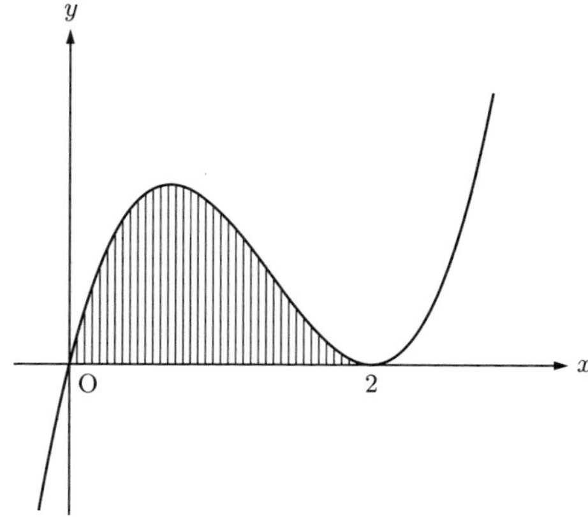

のようになっており，この図の斜線部の面積を求めることになる．したがって，公式 1.6 において，$f(x) = x^3 - 4x^2 + 4x, g(x) = 0, a = 0, b = 2$ の場合にあたり，面積 S は

$$\begin{aligned} S &= \int_0^2 (x^3 - 4x^2 + 4x)dx \\ &= \left[\frac{x^4}{4} - \frac{4x^3}{3} + 2x^2\right]_0^2 \\ &= \left(4 - \frac{32}{3} + 8\right) - 0 \\ &= \frac{4}{3} \end{aligned}$$

というように求められる．

第1章　演習問題

1. 次の関数 $f(x)$ の微分を求めよ.

(1) $f(x) = x^3 - 2x^2 + 3x - 4$

(2) $f(x) = x^4 \sin x$

(3) $f(x) = \dfrac{x^3}{x^2 - 1}$

(4) $f(x) = (3x - 1)^{20}$

(5) $f(x) = \cos x^3$

2. 曲線 $y = x^3 - 2x^2 + x$ の点 $(-1, -4)$ における接線の方程式を求めよ.

3. 関数 $y = x^3 - 2x^2 + x$ の極値を求めて，そのグラフの概形を描け.

4. 曲線 $y = x^3 - 2x^2 + x$ と x 軸で囲まれた部分の面積を求めよ.

解説動画 →

2　テイラー展開

関数の性質を調べるとき重要な役割を果たす「テイラー展開」を導入し，e^x，$\sin x$，$\cos x$，$\log(x+1)$ のテイラー展開を求めるのが目標である．その応用として「オイラーの公式」も導かれる．

2.1　高階微分

関数 $f(x)$ を微分したものは $f'(x)$ であるが，さらに

$f'(x)$ を微分したもの（すなわち $f(x)$ を 2 回微分したもの）を $f''(x)$，
$f''(x)$ を微分したもの（すなわち $f(x)$ を 3 回微分したもの）を $f'''(x)$，

という記号で表す．一般に

$f(x)$ を n 回微分したものを $f^{(n)}(x)$

と表し，これらを総称して「高階微分」という．

注意. 「$f^{(0)}(x)$」については

「$f(x)$ を 0 回微分したもの」=「$f(x)$ を 1 回も微分していないもの」

と見て

$$f^{(0)}(x) = f(x)$$

と定める．このように決めておくことでいろいろな公式が簡略に表される，という利点がある．（⇐ 例えば，すぐ下の定理 2.1 を参照．）

2.2　テイラー展開

関数 $f(x)$ を

$$f(x) = a_0 + a_1 x + a_2 x^2 + \cdots \tag{2.1}$$

の形で表したときの係数 $a_0, a_1, a_2, a_3, \cdots$ を $f(0), f'(0), f''(0), f'''(0), \cdots$ を用いて表すと定理 2.1 のようになる．

注意. 等式 (2.1) の右辺を「x のベキ級数」といい，この x に，$|x_0| < r$ の範囲のどんな x_0 を代入したときも，右辺が収束して $f(x_0)$ と等しくなるような実数 r を「収束半径」と呼ぶ．また，どのような x_0 を代入しても $f(x_0)$ に収束するときは「収束半径は ∞ である」，という．本章で紹介する $\sin x$，$\cos x$，e^x のテイラー展開の収束半径はどれも ∞ であり，実数のみならず，どんな複素数を (2.1) の右辺に代入しても正しい値を与えることが保証されている．

定理 2.1 ($f(x)$ の $x = 0$ におけるテイラー展開)
関数 $f(x)$ を，無限級数として

$$\begin{aligned} f(x) &= f(0) + f'(0)x + \frac{f''(0)}{2!}x^2 + \frac{f'''(0)}{3!}x^3 + \cdots \\ &= \sum_{n=0}^{\infty} \frac{f^{(n)}(0)}{n!}x^n \end{aligned} \tag{2.2}$$

のように表すことができる．

理由] 式 (2.1) の両辺で $x = 0$ とおくと，左辺は $f(0)$，右辺は第 2 項以降が全部 0 になって a_0 だけが残る．したがって

$$f(0) = a_0 \tag{2.3}$$

である．次に (2.1) の両辺を微分してから $x = 0$ を代入してみよう．微分した式は

$$f'(x) = a_1 + 2a_2x + 3a_3x^2 + \cdots \tag{2.4}$$

となるから

$$f'(0) = a_1 \tag{2.5}$$

である．さらに (2.4) の両辺を微分してから $x = 0$ を代入すると，微分した式は

$$f''(x) = 2a_2 + 3 \cdot 2a_3x + 4 \cdot 3x^2 + \cdots \tag{2.6}$$

となるから

$$f''(0) = 2a_2 \tag{2.7}$$

である．また (2.6) の両辺を微分してから $x = 0$ を代入すると，微分した式は

$$f'''(x) = 3 \cdot 2a_3 + 4 \cdot 3 \cdot 2x + \cdots \tag{2.8}$$

となるから

$$f'''(0) = 3!a_3 \tag{2.9}$$

である．以下同様に微分して $x = 0$ を代入する，という操作を繰り返せば

$$f^{(n)}(0) = n!a_n \ \ (n = 0, 1, 2, \cdots) \tag{2.10}$$

となる．したがって

$$a_n = \frac{f^{(n)}(0)}{n!} \ \ (n = 0, 1, 2, \cdots) \tag{2.11}$$

という等式が得られるから，等式 (2.2) が成り立つのである． □

2.3 e^x，$\sin x$，$\cos x$，$\log(x+1)$ の $x=0$ におけるテイラー展開

基本的な関数のテイラー展開を求めておこう．一般に関数が与えられたとき，次のようにしてそのテイラー展開を求めることができる．

定石 2.2 (テイラー展開)
(0) 与えられた関数を $f(x)$ とおき，$f(0)$ を求める．
(1) $f'(x)$ を計算し，$f'(0)$ を求める．
(2) $f''(x)$ を計算し，$f''(0)$ を求める．
以下，これを繰り返してパターンを読み取り，等式 (2.2) に代入する．

この定石に則って e^x，$\sin x$，$\cos x$，$\log(x+1)$ のテイラー展開を求めていこう．

定理 2.3 (e^x のテイラー展開)

$$e^x = 1 + x + \frac{x^2}{2!} + \frac{x^3}{3!} + \cdots \tag{2.12}$$

証明 $f(x)=e^x$ とおくと

$$
\begin{array}{ccc}
f(x)=e^x & \xrightarrow{0\,\text{を代入}} & f(0)=e^0=1 \\
{\scriptstyle \text{微分}}\downarrow & & \\
f'(x)=e^x & \xrightarrow{0\,\text{を代入}} & f'(0)=e^0=1 \\
{\scriptstyle \text{微分}}\downarrow & & \\
f''(x)=e^x & \xrightarrow{0\,\text{を代入}} & f''(0)=e^0=1 \\
{\scriptstyle \text{微分}}\downarrow & & \\
\cdots & &
\end{array}
$$

というように，すべての n に対して $f^{(n)}(0)=1$ である．したがって定理 2.1 より，(2.12) が得られる． □

定理 2.4 ($\sin x$ のテイラー展開)

$$
\sin x = x - \frac{x^3}{3!} + \frac{x^5}{5!} + \cdots \tag{2.13}
$$

証明 $f(x)=\sin x$ とおくと

$$
\begin{array}{ccc}
f(x)=\sin x & \xrightarrow{0\,\text{を代入}} & f(0)=\sin 0=0 \\
{\scriptstyle \text{微分}}\downarrow & & \\
f'(x)=\cos x & \xrightarrow{0\,\text{を代入}} & f'(0)=\cos 0=1 \\
{\scriptstyle \text{微分}}\downarrow & & \\
f''(x)=-\sin x & \xrightarrow{0\,\text{を代入}} & f''(0)=-\sin 0=0 \\
{\scriptstyle \text{微分}}\downarrow & & \\
f'''(x)=-\cos x & \xrightarrow{0\,\text{を代入}} & f''(0)=-\cos 0=-1 \\
{\scriptstyle \text{微分}}\downarrow & & \\
f^{(4)}(x)=\sin x & \xrightarrow{0\,\text{を代入}} & f^{(4)}(0)=\sin 0=0 \\
{\scriptstyle \text{微分}}\downarrow & & \\
\cdots & &
\end{array}
$$

このように，$\sin x$ は 4 回微分すると元に戻るので，$f^{(n)}(0)$ も周期 4 で下の表のように繰り返す：

n	0	1	2	3	4	5	6	$\cdots$
$f^{(n)}(0)$	0	1	0	-1	0	1	0	$\cdots$

したがって定理 2.1 より，(2.13) が得られる．　□

定理 2.5 ($\cos x$ のテイラー展開)

$$\cos x = 1 - \frac{x^2}{2!} + \frac{x^4}{4!} + \cdots \tag{2.14}$$

証明　$f(x) = \cos x$ とおくと

$$\begin{array}{ccc}
f(x) = \cos x & \xrightarrow{0\text{ を代入}} & f(0) = \cos 0 = 1 \\
\text{微分}\downarrow & & \\
f'(x) = -\sin x & \xrightarrow{0\text{ を代入}} & f'(0) = -\sin 0 = 0 \\
\text{微分}\downarrow & & \\
f''(x) = -\cos x & \xrightarrow{0\text{ を代入}} & f''(0) = -\cos 0 = -1 \\
\text{微分}\downarrow & & \\
f'''(x) = \sin x & \xrightarrow{0\text{ を代入}} & f''(0) = \sin 0 = 0 \\
\text{微分}\downarrow & & \\
f^{(4)}(x) = \cos x & \xrightarrow{0\text{ を代入}} & f^{(4)}(0) = \cos 0 = 1 \\
\text{微分}\downarrow & & \\
\cdots & &
\end{array}$$

このように，$\cos x$ も 4 回微分すると元に戻るので，$f^{(n)}(0)$ も周期 4 で下の表のように繰り返す：

n	0	1	2	3	4	5	6	$\cdots$
$f^{(n)}(0)$	1	0	-1	0	1	0	-1	$\cdots$

したがって定理 2.1 より，(2.14) が得られる．　□

定理 2.6 ($\log(x+1)$ のテイラー展開)

$$\log(x+1) = x - \frac{x^2}{2} + \frac{x^3}{3} - \frac{x^4}{4} + \cdots \tag{2.15}$$

証明 $f(x) = \log(x+1)$ とおくと

$$\begin{array}{ccc}
f(x) = \log(x+1) & \xrightarrow{0\text{ を代入}} & f(0) = \log 1 = 0 \\
\text{微分}\downarrow & & \\
f'(x) = \dfrac{1}{x+1} = (x+1)^{-1} & \xrightarrow{0\text{ を代入}} & f'(0) = 1 \\
\text{微分}\downarrow & & \\
f''(x) = -(x+1)^{-2} & \xrightarrow{0\text{ を代入}} & f''(0) = -1 \\
\text{微分}\downarrow & & \\
f'''(x) = 2(x+1)^{-3} & \xrightarrow{0\text{ を代入}} & f''(0) = 2 \\
\text{微分}\downarrow & & \\
f^{(4)}(x) = -3\cdot 2(x+1)^{-4} & \xrightarrow{0\text{ を代入}} & f^{(4)}(0) = -3\cdot 2 \\
\text{微分}\downarrow & & \\
\cdots & &
\end{array}$$

これを繰り返していくと

$$f^{(n)}(x) = (-1)^{n-1}(n-1)!(x+1)^{-n}$$
$$\xrightarrow{0\text{ を代入}} f^{(n)}(0) = (-1)^{n-1}(n-1)!$$

となるから，テイラー展開の x^n の項が

$$\frac{f^{(n)}(0)}{n!}x^n = (-1)^{n-1}\frac{(n-1)!}{n!}x^n = (-1)^{n-1}\frac{x^n}{n}$$

になる．したがって等式 (2.15) が得られる． □

2.4 オイラーの公式

前節で求めた $e^x, \sin x, \cos x$ のテイラー展開から，「オイラーの公式」という重要で，しかも応用の広い関係式を導くことができる．

定理 2.7 (オイラーの公式)

$$e^{ix} = \cos x + i \sin x \tag{2.16}$$

証明 e^x のテイラー展開の x をすべて ix（i は虚数単位）で置き換えるだけで以下のように示される．

$$\begin{aligned} e^{ix} &= 1 + (ix) + \frac{(ix)^2}{2!} + \frac{(ix)^3}{3!} + \frac{(ix)^4}{4!} + \frac{(ix)^5}{5!} + \cdots \\ &= 1 + ix - \frac{x^2}{2!} - i\frac{x^3}{3!} + \frac{x^4}{4!} + i\frac{x^5}{5!} + \cdots \\ &= \left(1 - \frac{x^2}{2!} + \frac{x^4}{4!} + \cdots\right) \\ &\qquad + i\left(x - \frac{x^3}{3!} + \frac{x^5}{5!} + \cdots\right) \\ &\qquad\qquad (\Leftarrow i \text{ を含まない項，含む項をまとめた}) \\ &= \cos x + i \sin x \qquad (\Leftarrow \cos x, \sin x \text{ のテイラー展開そのもの}) \end{aligned}$$

これで証明が完成した． □

例題 1. オイラーの公式を利用して倍角の公式を作れ．

解 等式 (2.16) の両辺を 2 乗すると

$$(e^{ix})^2 = (\cos x + i \sin x)^2$$

この左辺は指数法則により

$$(e^{ix})^2 = e^{ix \cdot 2} = e^{i(2x)} = \cos 2x + i \sin 2x \tag{2.17}$$

右辺は

$$\begin{aligned} (\cos x + i \sin x)^2 &= \cos^2 x + 2i \cos x \sin x + i^2 \sin^2 x \\ &= (\cos^2 x - \sin^2 x) + i \cdot 2 \sin x \cos x \end{aligned} \tag{2.18}$$

(2.17) と (2.18) の実部と虚部を比較すれば

$$\begin{aligned} \cos 2x &= \cos^2 x - \sin^2 x \\ \sin 2x &= 2 \sin x \cos x \end{aligned}$$

となり，倍角の公式が得られる． □

2.5 $x = a$ におけるテイラー展開

定理 2.1 は $f(x)$ を $x = 0$ での関数値 $f(0), f'(0), f''(0), \cdots$ を係数として，x のベキ級数として表すものであった．一般に任意の実数 a に対して

$x = a$ での関数値 $f(a), f'(a), f''(a), \cdots$ を係数として，
$x - a$ のベキ級数として表す

ことができる．それが次の定理である．

定理 2.8 ($f(x)$ の $x = a$ におけるテイラー展開)
関数 $f(x)$ を，無限級数として

$$f(x) = f(a) + f'(a)(x-a) + \frac{f''(a)}{2!}(x-a)^2 + \frac{f'''(a)}{3!}(x-a)^3 + \cdots \tag{2.19}$$
$$= \sum_{n=0}^{\infty} \frac{f^{(n)}(a)}{n!}(x-a)^n$$

のように表すことができる．

証明 $f(x+a) = g(x)$ とおく．$g(x)$ の $x = 0$ におけるテイラー展開は定理 2.1 より

$$g(x) = g(0) + g'(0)x + \frac{g''(0)}{2!}x^2 + \frac{g'''(0)}{3!}x^3 + \cdots \tag{2.20}$$

で与えられる．ここで合成関数の微分法より，$g'(x) = f'(x+a), g''(x) = f''(x+a), \cdots$ が成り立つから

$$g(0) = f(a), g'(0) = f'(a), g''(0) = f''(a), \cdots$$

であり，(2.20) は

$$f(x+a) = f(a) + f'(a)x + \frac{f''(a)}{2!}x^2 + \frac{f'''(a)}{3!}x^3 + \cdots \tag{2.21}$$

という等式になる．ここで $X = x + a$ とおくと，$x = X - a$ であるから，(2.21) は

$$f(X) = f(a) + f'(a)(X-a) + \frac{f''(a)}{2!}(X-a)^2 + \frac{f'''(a)}{3!}(X-a)^3 + \cdots$$

という等式になり，ここの X をすべて x で置き換えれば，定理の等式 (2.19) が得られる． □

2.6 テイラー展開と近似

等式 (2.19) の右辺の第 2 項までを取り出した式

$$f(a) + f'(a)(x-a) \tag{2.22}$$

は

「$f(x)$ の $x = a$ における 1 次近似」

と呼ばれる．一方，曲線 $y = f(x)$ の $x = a$ における接線の方程式は

$$y = f'(a)(x-a) + f(a)$$

であるが，この右辺は (2.22) と全く同じである．したがって (2.22) は

関数 $f(x)$ を $x = a$ において最もよい精度で近似する 1 次式

である，と言える．同様に，等式 (2.19) の右辺の第 3 項の $(x-a)^2$ を含む項まで取り出した式

$$f(a) + f'(a)(x-a) + \frac{f''(a)}{2!}(x-a)^2$$

は

「$f(x)$ の $x = a$ における 2 次近似」

と呼ばれ，今度は

関数 $f(x)$ を $x = a$ において最もよい精度で近似する 2 次式

になっている．

具体例として，関数 $y = e^x$ の $x = 0$ における 1 次近似，2 次近似，3 次近似，4 次近似のグラフと，元の関数のグラフを一緒にして描いてみると次のようになる：

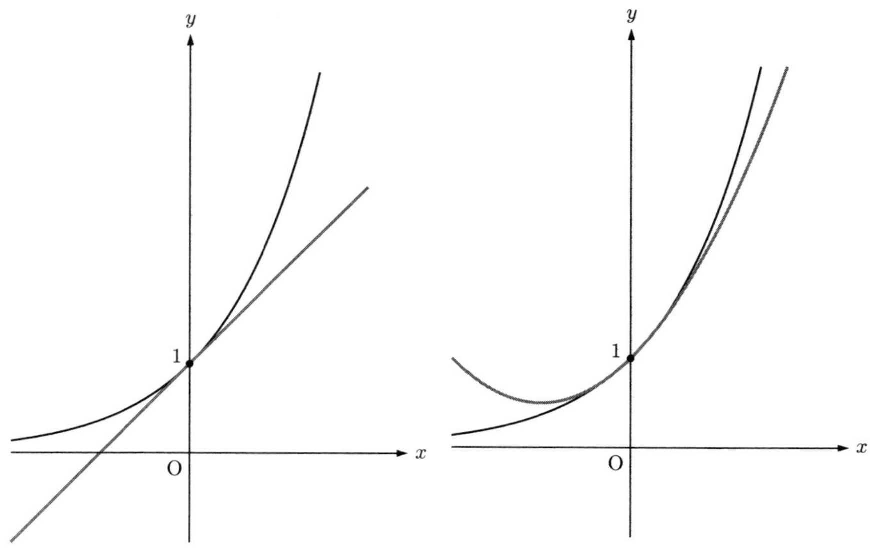

図 **2.1**　$y = e^x$ のグラフの **1** 次近似

図 **2.2**　$y = e^x$ のグラフの **2** 次近似

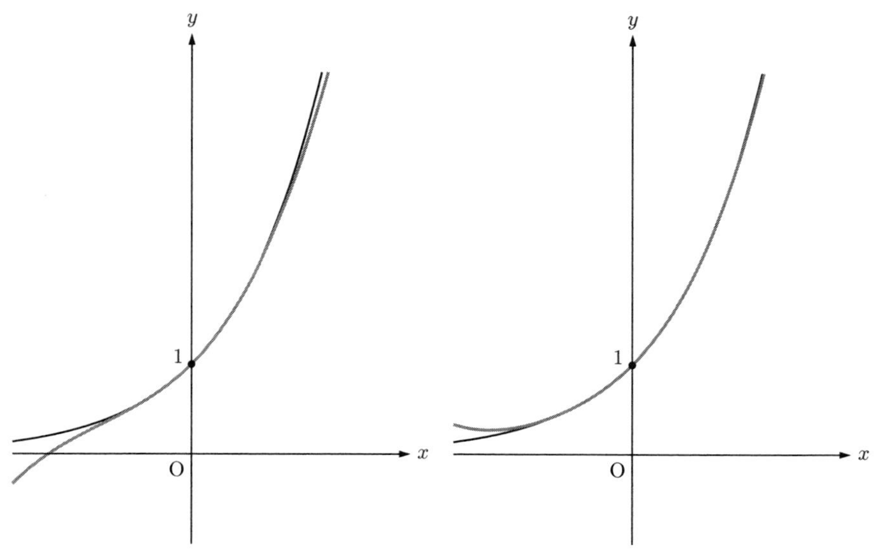

図 **2.3**　$y = e^x$ のグラフの **3** 次近似

図 **2.4**　$y = e^x$ のグラフの **4** 次近似

図からもわかるように，1 次近似はグラフの $x = 0$ における接線になる．さらに次数を上げていくと，しだいにグラフがほぼ重なっていくこともわかる．

第2章 演習問題

1. 関数 $f(x) = \dfrac{e^x + e^{-x}}{2}$ の $x = 0$ におけるテイラー展開を求めよ．

2. 関数 $f(x) = \sin 2x$ の $x = 0$ におけるテイラー展開の x^5 の係数を求めよ．

3. オイラーの公式を利用して $\sin, \cos$ の 3 倍角の公式を作れ．（ヒント：オイラーの公式の両辺を 3 乗して，実部と虚部を比較せよ．）

解説動画 →

3　合成関数の微分法

関数 $f(x)$ の x のところに，もう一つの関数 $g(x)$ を代入した形の関数 $f(g(x))$（⇐ 合成関数という）の微分のやり方を理解し，その応用としてニュートンによる「一般化二項定理」を導くのが目標である．

3.1　合成関数の微分法

公式 3.1 (合成関数の微分法)
2 つの関数 $f(x), g(x)$ の合成関数 $f(g(x))$ の微分は

$$\{f(g(x))\}' = f'(g(x))g'(x)$$

で与えられる．また，$u = g(x), z = f(u)$ とおくと

$$\frac{dz}{dx} = \frac{dz}{du}\frac{du}{dx}$$

と表すこともできる．

注意．証明は第 II 部基礎事項の第 II 章に述べてある．

例題 1．$(\sin 2x)'$ を求めよ．

解　$u = 2x$ とおくと，与えられた関数は $z = \sin u$ と表される．したがって

$$\begin{aligned}\frac{dz}{dx} &= \frac{dz}{du}\frac{du}{dx} \\ &= (\cos u)\cdot(2x)' \\ &= (\cos 2x)\cdot 2 \\ &= 2\cos 2x\end{aligned}$$

となる．　□

例題 2．$(\cos 3x)'$ を求めよ．

解　$u = 3x$ とおくと，与えられた関数は $z = \cos u$ と表される．したがって

$$\begin{aligned}\frac{dz}{dx} &= \frac{dz}{du}\frac{du}{dx} \\ &= (-\sin u)\cdot(3x)' \\ &= (-\sin 3x)\cdot 3 \\ &= -3\sin 3x\end{aligned}$$

となる．□

例題 3. $(e^{4x})'$ を求めよ．

解　$u = 4x$ とおくと，与えられた関数は $z = e^u$ と表される．したがって

$$\begin{aligned}\frac{dz}{dx} &= \frac{dz}{du}\frac{du}{dx} \\ &= e^u\cdot(4x)' \\ &= e^{4x}\cdot 4 \\ &= 4e^{4x}\end{aligned}$$

となる．□

上の 3 つの例題を一般化して次の公式が得られる：

公式 3.2
a が定数のとき

(1) $(\sin ax)' = a\cos ax$

(2) $(\cos ax)' = -a\sin ax$

(3) $(e^{ax})' = ae^{ax}$

ここまでは，合成関数の中身 $v = g(x)$ が 1 次式の場合であったが，そうでなくても計算は以下の例題のように同様にできる：

例題 4. $(e^{x^2+3x})'$ を求めよ．

解　$u = x^2 + 3x$ とおくと，与えられた関数は $z = e^u$ と表される．した

がって

$$
\begin{aligned}
\frac{dz}{dx} &= \frac{dz}{du}\frac{du}{dx} \\
&= e^u \cdot (x^2+3x)' \\
&= e^{x^2+3x} \cdot (2x+3) \\
&= (2x+3)e^{x^2+3x}
\end{aligned}
$$

となる． □

例題 5. $\{\log(x^2+x+1)\}'$ を求めよ．

解 $u = x^2+x+1$ とおくと，与えられた関数は $z = \log u$ と表される．したがって

$$
\begin{aligned}
\frac{dz}{dx} &= \frac{dz}{du}\frac{du}{dx} \\
&= \frac{1}{u} \cdot (x^2+x+1)' \\
&= \frac{1}{x^2+x+1} \cdot (2x+1) \\
&= \frac{2x+1}{x^2+x+1}
\end{aligned}
$$

となる． □

この例題の一般化として次の公式は覚えておくとよい．

公式 3.3

関数 $f(x)$ に対して

$$
(\log f(x))' = \frac{f'(x)}{f(x)} \tag{3.1}
$$

あるいは，変数 x を省略して

$$
(\log f)' = \frac{f'}{f}
$$

が成り立つ．

とくに $f(x) = x + a$（a は定数）の形の 1 次式のときは $f'(x) = 1$ だから，公

式 (3.1) から

$$(\log(x+a))' = \frac{1}{x+a}$$

が導かれる．したがって積分に関して

$$\int \frac{1}{x+a}dx = \log(x+a) + C \quad (C \text{ は積分定数}) \tag{3.2}$$

という公式が得られる．これは後に「有理関数の積分」を扱うときに基本となる．

3.2 二項定理

二項定理とは，$(a+b)^n$ を展開したときの各項の係数が，二項係数を用いて表される，というものであった．例えば

$$\begin{aligned}(a+b)^2 &= a^2 + 2ab + b^2\\ (a+b)^3 &= a^3 + 3a^2b + 3ab^2 + b^3\\ (a+b)^4 &= a^4 + 4a^3b + 6a^2b^2 + 4ab^3 + b^4\end{aligned}$$

であり，一般に

$$\begin{aligned}(a+b)^n = \binom{n}{0}a^n + \binom{n}{1}a^{n-1}b + \binom{n}{2}a^{n-2}b^2 + \cdots\\ + \binom{n}{n-1}ab^{n-1} + \binom{n}{n}b^n\end{aligned}$$

となる．ここで，「$\binom{n}{k}$」は，高校では「${}_n\mathrm{C}_k$」という記号で表した「n 個のものから k 個とる組合せの数」のことであり，

$$\binom{n}{k} = \frac{n!}{k!(n-k)!}$$

という公式で計算できる．この右辺に現れる「$\dfrac{n!}{(n-k)!}$」の部分を「$n^{\underline{k}}$」という記号で表し，「n の k 階乗」と呼ぶ：

$$n^{\underline{k}} = \frac{n!}{(n-k)!} = n(n-1)(n-2)\cdots(n-k+1)$$

すると，二項係数は

$$\binom{n}{k} = \frac{n^{\underline{k}}}{k!} \tag{3.3}$$

とも表すことができることに注意しよう．こちらの記号は次節で「一般化二項定理」を定式化するときに用いられる．

3.3 一般化二項定理

定理 3.4

任意の実数 r に対して，等式

$$(x+1)^r = \sum_{k=0}^{\infty} \binom{r}{k} x^k \tag{3.4}$$

が成り立つ．ここで右辺の二項係数は

$$\binom{r}{k} = \frac{r^{\underline{k}}}{k!} = \frac{r(r-1)\cdots(r-k+1)}{k!}$$

で定義されるものとする．

証明 $f(x) = (x+1)^r$ のテイラー展開を求めよう．その際 $(x+1)^r$ の高階微分が必要となるが，$u = x+1$ とおくと $f(x) = u^r$ であり，$\dfrac{du}{dx} = (x+1)' = 1$ であることから，合成関数の微分法によって

$$\{(x+1)^r\}' = r(x+1)^{r-1}$$

となることに注意しよう．したがってその高階微分も同様に計算できる．まず，$f(0) = 1$ であり，以下，微分して $x = 0$ とおく，という操作を繰り返すと

$$\begin{aligned}
f'(x) &= r(x+1)^{r-1} \Rightarrow f'(0) = r, \\
f''(x) &= r(r-1)(x+1)^{r-2} \Rightarrow f''(0) = r(r-1), \\
&\cdots\cdots\cdots, \\
f^{(k)}(x) &= r(r-1)\cdots(r-k+1)(x+1)^{r-k} \\
&\qquad\qquad \Rightarrow f^{(k)}(0) = r(r-1)\cdots(r-k+1) = r^{\underline{k}}.
\end{aligned}$$

したがって，テイラー展開の公式より，等式 (3.4) が成り立つ． □

例題 6．一般化二項定理を用いて，$\sqrt{x+1}$ の展開の x^3 の項まで求めよ．

解 定理の $r=\dfrac{1}{2}$ の場合に当たり，二項係数を $k=3$ まで計算すると

$$\begin{aligned}\binom{\frac{1}{2}}{0}&=1,\\ \binom{\frac{1}{2}}{1}&=\frac{\frac{1}{2}}{1!}=\frac{1}{2},\\ \binom{\frac{1}{2}}{2}&=\frac{\frac{1}{2}\cdot(\frac{1}{2}-1)}{2!}=\frac{\frac{1}{2}\cdot(-\frac{1}{2})}{2}=-\frac{1}{8},\\ \binom{\frac{1}{2}}{3}&=\frac{\frac{1}{2}\cdot(\frac{1}{2}-1)\cdot(\frac{1}{2}-2)}{3!}=\frac{\frac{1}{2}\cdot(-\frac{1}{2})\cdot(-\frac{3}{2})}{6}=\frac{1}{16}\end{aligned}$$

であり，したがって

$$\sqrt{x+1}=1+\frac{x}{2}-\frac{x^2}{8}+\frac{x^3}{16}+\cdots$$

となる． □

第 3 章　演習問題

1. 次の微分を求めよ．

(1) $(\sin 5x)'$

(2) $(\cos(-6x))'$

(3) $(e^{100x})'$

(4) $(\sin x^2)'$

(5) $(\sin^2 x)'$

2. 次の微分を求めよ．

(1) $(\log(x+\sqrt{x^2+1}))'$

(2) $(-\log\cos x)'$

3. 一般化二項定理を利用して $\sqrt[3]{x+1}$ の展開の x^3 の項までを求めよ．

解説動画 →

4　不定形の極限

テイラー展開を利用すると，いわゆる「$\dfrac{0}{0}$ の不定形」の極限値が簡単に，しかも統一的な方法で求められることを理解するのが目標である．

4.1 $\dfrac{0}{0}$ の不定形

たとえば

$$\lim_{x\to 0}\frac{\sin x}{x}, \qquad \lim_{x\to 0}\frac{x\sin x}{\cos x - 1}$$

のように「分子，分母とも $x=0$ を代入すると 0 になる」とき，その極限を「$\dfrac{0}{0}$ の不定形」という．

4.2 テイラー展開と極限

$\dfrac{0}{0}$ の不定形の極限は，分子と分母のテイラー展開を利用することで簡単に求められる．

例題 1． $\displaystyle\lim_{x\to 0}\frac{\sin x}{x}$ を求めよ．

解　分子 $\sin x$ の $x=0$ でのテイラー展開は

$$\sin x = x - \frac{x^3}{3!} + \frac{x^5}{5!} - \frac{x^7}{7!} + \cdots$$

であった．したがって

$$\begin{aligned}\lim_{x\to 0}\frac{\sin x}{x} &= \lim_{x\to 0}\frac{x - \frac{x^3}{3!} + \frac{x^5}{5!} - \frac{x^7}{7!} + \cdots}{x}\\ &= \lim_{x\to 0}\frac{1 - \frac{x^2}{3!} + \frac{x^4}{5!} - \frac{x^6}{7!} + \cdots}{1}\\ &= \frac{1 - \frac{0}{3!} + \frac{0}{5!} - \frac{0}{7!} + \cdots}{1}\\ &= 1.\end{aligned}$$

□

例題 2． $\displaystyle\lim_{x\to 0}\frac{x\sin x}{\cos x - 1}$ を求めよ．

解　分子 $x\sin x$ の $x=0$ でのテイラー展開は $\sin x$ のテイラー展開に x を掛ければ得られる：

$$\begin{aligned} x\sin x &= x(x-\frac{x^3}{3!}+\frac{x^5}{5!}-\frac{x^7}{7!}+\cdots) \\ &= x^2-\frac{x^4}{3!}+\frac{x^6}{5!}-\frac{x^8}{7!}+\cdots \end{aligned}$$

また，分母 $\cos x-1$ の $x=0$ におけるテイラー展開は $\cos x$ のテイラー展開から 1 を引けば得られる：

$$\begin{aligned} \cos x-1 &= (1-\frac{x^2}{2!}+\frac{x^4}{4!}-\frac{x^6}{6!}\cdots)-1 \\ &= -\frac{x^2}{2!}+\frac{x^4}{4!}-\frac{x^6}{6!}\cdots \end{aligned}$$

したがって

$$\begin{aligned} \lim_{x\to 0}\frac{x\sin x}{\cos x-1} &= \lim_{x\to 0}\frac{x^2-\frac{x^4}{3!}+\frac{x^6}{5!}-\frac{x^8}{7!}+\cdots}{-\frac{x^2}{2!}+\frac{x^4}{4!}-\frac{x^6}{6!}\cdots} \\ &= \lim_{x\to 0}\frac{1-\frac{x^2}{3!}+\frac{x^4}{5!}-\frac{x^6}{7!}+\cdots}{-\frac{1}{2!}+\frac{x^2}{4!}-\frac{x^4}{6!}\cdots} \\ &= \frac{1-\frac{0}{3!}+\frac{0}{5!}-\frac{0}{7!}+\cdots}{-\frac{1}{2!}+\frac{0}{4!}-\frac{0}{6!}\cdots} \\ &= \frac{1}{-\frac{1}{2}} \\ &= -2. \end{aligned}$$

□

以上をまとめると次のようになる：

定石 4.1 (テイラー展開を用いた $\lim_{x\to 0}\frac{f(x)}{g(x)}$ の計算法)

1) 分子と分母のテイラー展開をそれぞれ代入し，
2) x をできるだけ約分し，
3) x に 0 を代入する．

4.3 ロピタルの定理

前の節でみたように，「$\dfrac{0}{0}$ の不定形」とは $\displaystyle\lim_{x\to 0}\frac{f(x)}{g(x)}$ の形の極限であって，しかも $f(0)=g(0)=0$ となるようなもののことであった．このことをふまえて分子，分母のテイラー展開を代入すると

$$\begin{aligned}
\lim_{x\to 0}\frac{f(x)}{g(x)} &= \lim_{x\to 0}\frac{f(0)+f'(0)x+\frac{f''(0)}{2!}x^2+\frac{f'''(0)}{3!}x^3+\cdots}{g(0)+g'(0)x+\frac{g''(0)}{2!}x^2+\frac{g'''(0)}{3!}x^3+\cdots} \\
&= \lim_{x\to 0}\frac{f'(0)x+\frac{f''(0)}{2!}x^2+\frac{f'''(0)}{3!}x^3+\cdots}{g'(0)x+\frac{g''(0)}{2!}x^2+\frac{g'''(0)}{3!}x^3+\cdots} \\
&= \lim_{x\to 0}\frac{f'(0)+\frac{f''(0)}{2!}x+\frac{f'''(0)}{3!}x^2+\cdots}{g'(0)+\frac{g''(0)}{2!}x+\frac{g'''(0)}{3!}x^2+\cdots} \\
&= \frac{f'(0)}{g'(0)}.
\end{aligned}$$

これがいわゆるロピタルの定理である：

定理 4.2 (ロピタルの定理)

$f(0)=g(0)=0$ であるとき

$$\lim_{x\to 0}\frac{f(x)}{g(x)} = \lim_{x\to 0}\frac{f'(x)}{g'(x)}$$

例題 3．ロピタルの定理を用いて $\displaystyle\lim_{x\to 0}\frac{\sin x}{x}$ を求めよ．

解　分子，分母とも $x=0$ を代入すると 0 になるから $\dfrac{0}{0}$ の不定形である．したがってロピタルの定理が使えて次のように計算することができる：

$$\lim_{x\to 0}\frac{\sin x}{x} = \lim_{x\to 0}\frac{(\sin x)'}{(x)'} = \lim_{x\to 0}\frac{\cos x}{1} = \frac{\cos 0}{1} = 1$$

□

例題 4．ロピタルの定理を用いて $\displaystyle\lim_{x\to 0}\frac{x\sin x}{\cos x-1}$ を求めよ．

解　分子，分母とも $x=0$ を代入すると 0 になるから $\dfrac{0}{0}$ の不定形である．し

たがってロピタルの定理が使えて

$$\lim_{x\to 0}\frac{x\sin x}{\cos x-1}=\lim_{x\to 0}\frac{(x\sin x)'}{(\cos x-1)'}=\lim_{x\to 0}\frac{\sin x+x\cos x}{-\sin x}.$$

これはまた $\dfrac{0}{0}$ の不定形であるから，もう 1 度ロピタルの定理によって

$$\begin{aligned}\lim_{x\to 0}\frac{\sin x+x\cos x}{-\sin x}&=\lim_{x\to 0}\frac{(\sin x+x\cos x)'}{(-\sin x)'}\\&=\lim_{x\to 0}\frac{\cos x+\cos x-x\sin x}{-\cos x}\\&=\frac{2}{-1}\\&=-2.\end{aligned}$$

□

注意. $\dfrac{0}{0}$ の不定形でないときはロピタルの定理は使えない，ということは頭に入れておく必要がある．例えば

$$「\lim_{x\to 0}\frac{\sin x}{2x+1}\text{を求めよ}」$$

という問題のとき，$x=0$ を代入すれば $\dfrac{\sin 0}{1}=0$ と値が求められるから答は「0」だが，ロピタルの定理を使ってしまうと

$$\begin{aligned}\lim_{x\to 0}\frac{\sin x}{2x+1}&=\lim_{x\to 0}\frac{(\sin x)'}{(2x+1)'}\\&=\lim_{x\to 0}\frac{\cos x}{2}\\&=\frac{\cos 0}{2}\\&=\frac{1}{2}\end{aligned}$$

というようにとんでもない答になってしまう．したがって，ロピタルの定理を使うときは，事前に，与えられた分数に $x=0$ を代入して $\dfrac{0}{0}$ になる，と確認することが必須の条件である．

第4章　演習問題

1. 次の極限値をテイラー展開を利用して求めよ．

(1) $\displaystyle\lim_{x\to 0}\frac{e^x-1-x}{x^2}$

(2) $\displaystyle\lim_{x\to 0}\frac{\sin x-x}{x(\cos x-1)}$

2. 次の極限値をロピタルの定理を利用して求めよ．

(1) $\displaystyle\lim_{x\to 0}\frac{\sin x}{e^x-1}$

(2) $\displaystyle\lim_{x\to 0}\frac{\cos x-1}{e^x-1-x}$

解説動画 →

5 逆関数の微分

5.1 逆関数

たとえば 1 次関数

$$y = 2x + 3 \tag{5.1}$$

を x について解くと

$$x = \frac{1}{2}y - \frac{3}{2} \tag{5.2}$$

というように x を y の関数として表すことができる．このように，x の関数 $y = f(x)$ が与えられたとき，その式を x について解き，x を y の関数として表したものを「逆関数」とよび，

$$x = f^{-1}(y)$$

と表す．

ここで (5.1) の両辺を x で微分すると

$$\frac{dy}{dx} = 2$$

であり，一方 (5.2) の両辺を y で微分すると

$$\frac{dx}{dy} = \frac{1}{2}$$

であり，関係式

$$\frac{dy}{dx} = \frac{1}{\frac{dx}{dy}}$$

が成り立っている．実はこの関係がどんな関数に対しても成り立つ．

命題 5.1
関数 $y = f(x)$ と，逆関数 $x = f^{-1}(y)$ に対して

$$\frac{dy}{dx} = \frac{1}{\frac{dx}{dy}} \tag{5.3}$$

が成り立つ．

（証明については，第二部の III 節参照.）一言で言えば

「逆関数の微分は，元の関数の微分の逆数である.」

したがって，逆関数のほうを主役にして $y = f^{-1}(x)$ の微分を求めたいときも，これを逆に解いて x を y で表した式 $x = f(y)$ を求めれば，やはり等式 (5.3) を用いて計算できるのである.

例題 1. $y = \sqrt{x}$ の微分を求めよ.

解　与えられた式を x について解くと $x = y^2$. これを y で微分すると $\dfrac{dx}{dy} = \dfrac{d(y^2)}{dy} = 2y$ だから，等式 (5.3) より次のように計算できる：

$$\frac{dy}{dx} = \frac{1}{\frac{dx}{dy}} = \frac{1}{2y} = \frac{1}{2\sqrt{x}}$$

□

例題 2. $y = \log x$ の微分を求めよ.

解　与えられた式を x について解くと $x = e^y$. したがって等式 (5.3) より

$$\frac{dy}{dx} = \frac{1}{\frac{dx}{dy}} = \frac{1}{e^y} = \frac{1}{x}$$

□

5.2　逆関数と定義域

たとえば $y = x^2$ を x について解くと，$x = \pm\sqrt{y}$ となって，x の値が一通りに決められない. 例えば，下の図 5.1 のように，$y = 1$ となる x の値が $x = 1$ と $x = -1$ の二通りになる. このようなときは，もとの関数の定義域を制限して考えるのが普通である. この場合は $y = x^2$ の定義域を 0 以上の実数だけに制限すれば，図 5.2 のように，逆関数が $x = \sqrt{y}$ となって値が一通りに定まる.

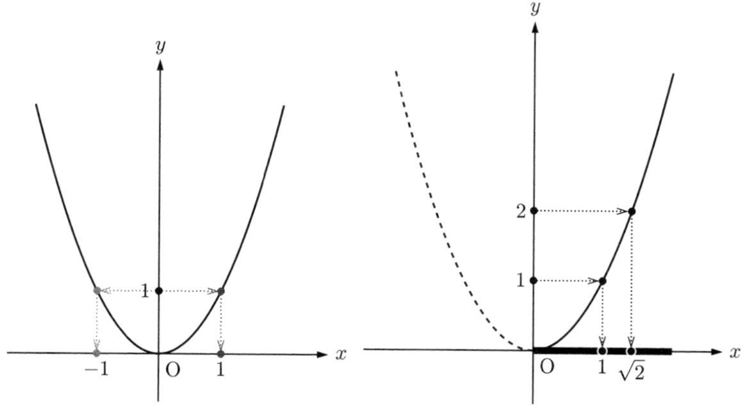

図 **5.1**　定義域を制限しない場合　　図 **5.2**　定義域を制限した場合

5.3　三角関数の逆関数：逆三角関数

三角関数の逆関数も，その定義域を単調増加，あるいは単調減少の区間に制限して考える．

5.3.1　$\sin x$ の場合

$y = \sin x$ のグラフは図 5.3 のように，2π を周期として上下していて，例えば $y = \dfrac{1}{2}$ となる x の値は，図からも見て取れるように $x = \dfrac{\pi}{6}, \dfrac{5\pi}{6}$ などを含めて無限個ある．

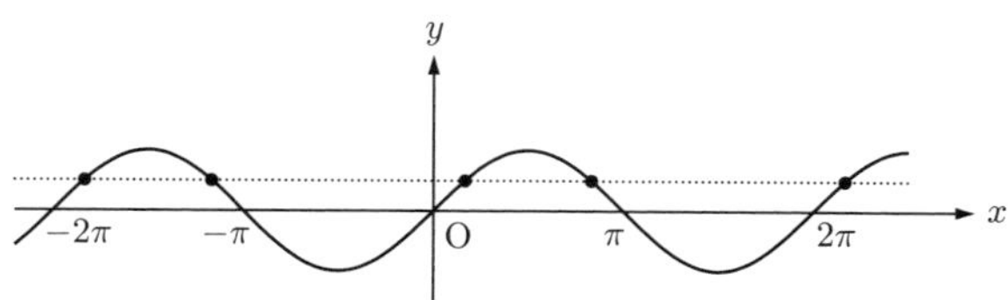

図 **5.3**　定義域を制限しない場合

しかし，その定義域を区間 $\left[-\dfrac{\pi}{2}, \dfrac{\pi}{2}\right]$ に制限すれば，図 5.4 のように，どんな $y \in [-1, 1]$ に対しても $y = \sin x$ をみたす x がただ一つに決まる．

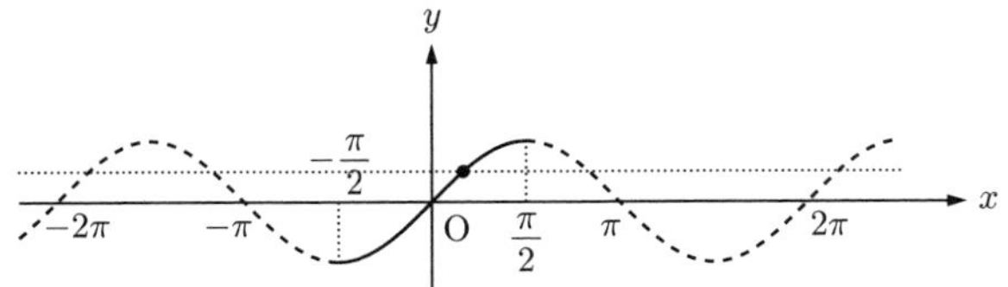

図 5.4 定義域を制限した場合

したがって，この範囲で $y = \sin x$ の逆関数を考えることができ，それを記号で

$$x = \arcsin y$$

と表す.

5.3.2 cos *x* の場合

$y = \cos x$ のグラフも，周期が 2π であり，したがって例えば $y = \dfrac{1}{2}$ となる x の値は，図 5.5 からも見て取れるように $x = -\dfrac{\pi}{3}, \dfrac{\pi}{3}$ などを含めて無限個ある.

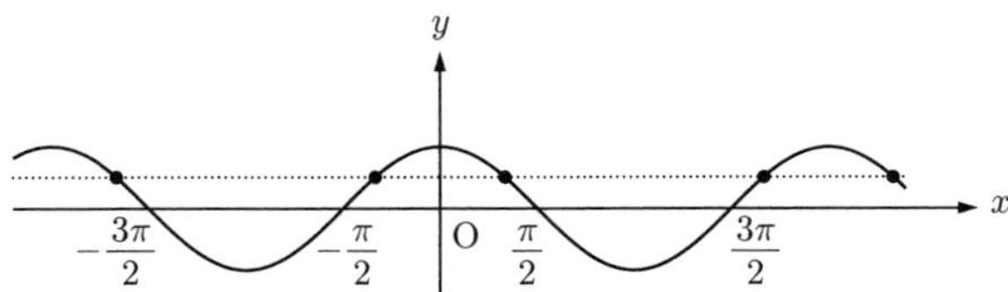

図 5.5 定義域を制限しない場合

しかし，定義域を単調減少となる区間 $[0, \pi]$ に制限すれば，図 5.6 のように，どんな $y \in [-1, 1]$ に対しても $y = \cos x$ をみたす x がただ一つに決まる.

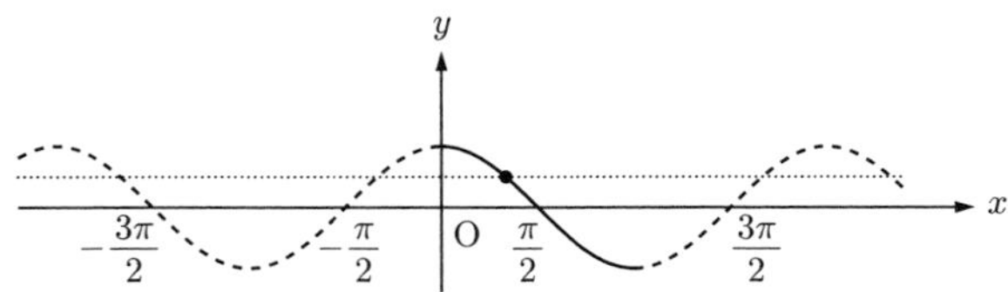

図 5.6 定義域を制限した場合

したがって，この範囲で $y=\cos x$ の逆関数を考えることができ，それを記号で

$$x=\arccos y$$

と表す．

5.3.3 $\tan x$ の場合

$y=\tan x$ のグラフは，周期が π であり，例えば $y=1$ となる x の値は，図 5.7 からも見て取れるように $x=\dfrac{\pi}{4}, \dfrac{5\pi}{4}$ などを含めて無限個ある．

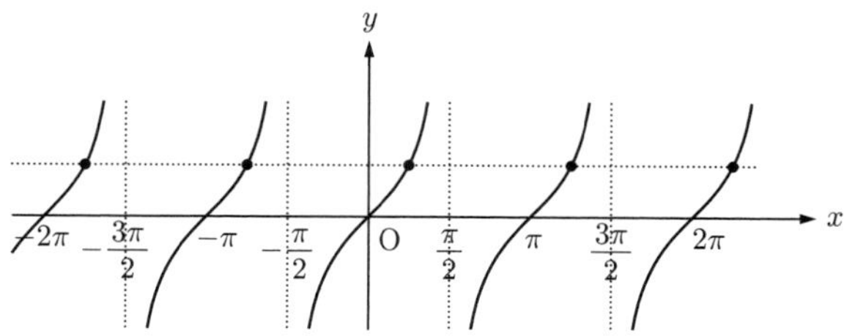

図 5.7　定義域を制限しない場合

しかし，$\tan x$ は区間 $\left(-\dfrac{\pi}{2}, \dfrac{\pi}{2}\right)$ において単調増加であることに注意して，定義域を区間 $\left(-\dfrac{\pi}{2}, \dfrac{\pi}{2}\right)$ に制限すれば，図 5.8 のように，どんな実数 y に対しても $y=\tan x$ をみたす x がただ一つに決まる．

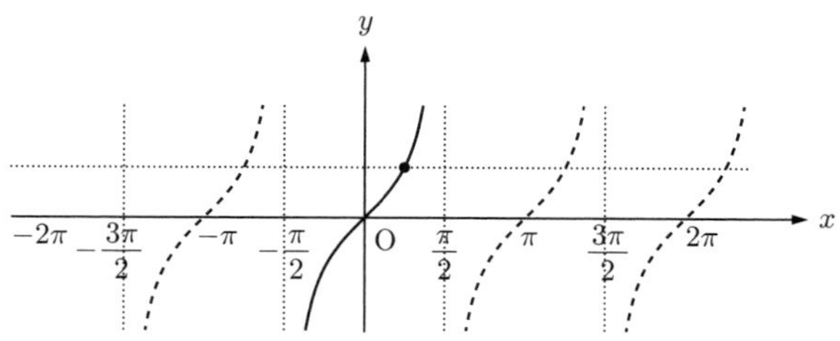

図 5.8　定義域を制限した場合

したがって，この範囲で $y=\tan x$ の逆関数を考えることができ，それを記号で

$$x=\arctan y$$

と表す.

本節の内容をまとめて表にすると次のようになる：

$y = f(x)$	定義域	$x = f^{-1}(y)$
$y = \sin x$	$[-\frac{\pi}{2}, \frac{\pi}{2}]$	$x = \arcsin y$
$y = \cos x$	$[0, \pi]$	$x = \arccos y$
$y = \tan x$	$[-\frac{\pi}{2}, \frac{\pi}{2}]$	$x = \arctan y$

また，それぞれの関数 $y = f(x)$ と逆関数 $y = f^{-1}(x)$ のグラフをペアにして横に並べたのが次の図である：

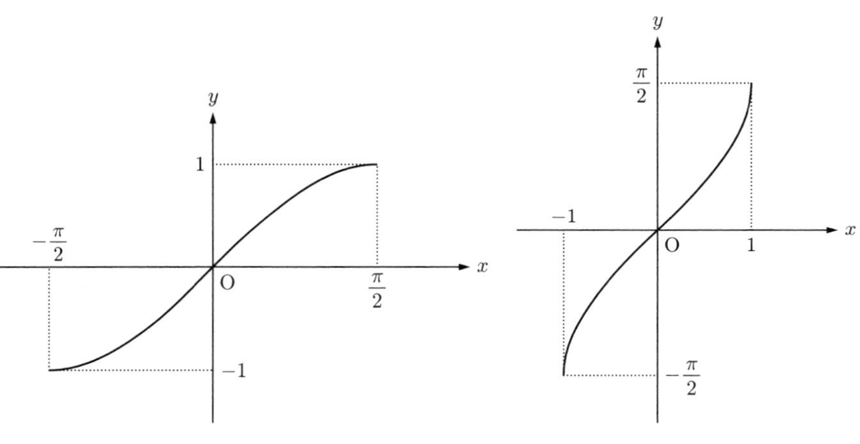

図 **5.9**　$y = \sin x$

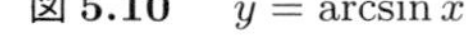

図 **5.10**　$y = \arcsin x$

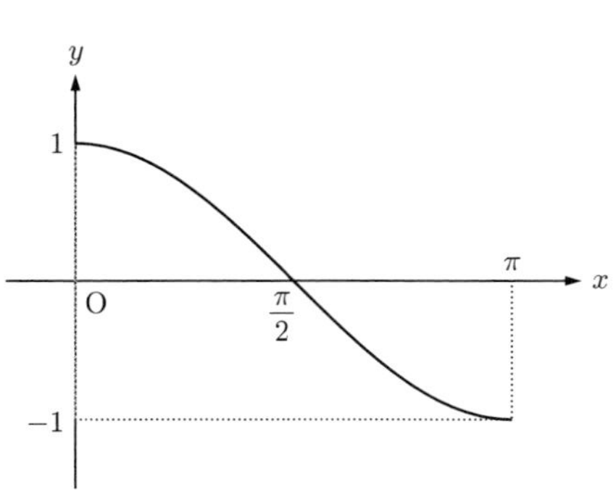

図 **5.11**　$y = \cos x$

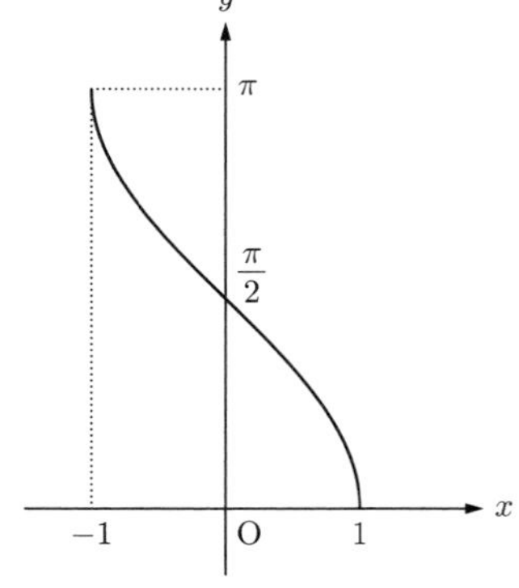

図 **5.12**　$y = \arccos x$

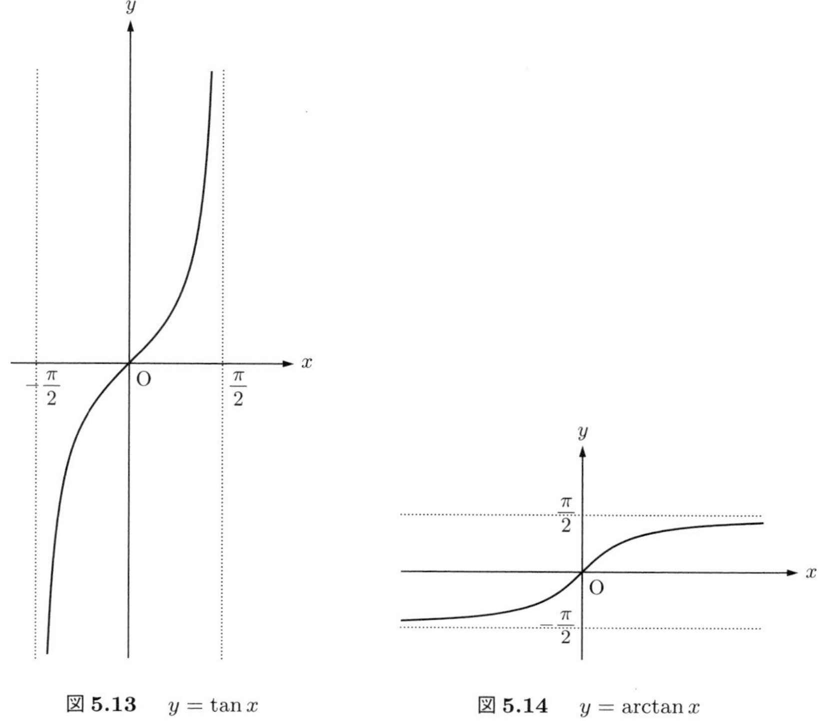

図 **5.13**　$y = \tan x$　　図 **5.14**　$y = \arctan x$

これらのグラフからもわかるように,

「単調増加関数の逆関数は単調増加,
単調減少関数の逆関数は単調減少」

になっている. その理由は, 等式 (5.3) によって

「$\dfrac{dy}{dx}$ の符号と $\dfrac{dx}{dy}$ の符号は等しい」

からである.

5.4　逆三角関数の微分公式

逆三角関数の微分は命題 5.1 を用いて計算することができる. その結果が以下の表である：

y	$\dfrac{dy}{dx}$
$y = \arcsin x$	$\dfrac{1}{\sqrt{1-x^2}}$
$y = \arccos x$	$-\dfrac{1}{\sqrt{1-x^2}}$
$y = \arctan x$	$\dfrac{1}{1+x^2}$

このうち $\arcsin x$ と $\arctan x$ を例題として計算法を解説する．

例題 3. $y = \arcsin x$ の微分を求めよ．

解　x について解くと

$$x = \sin y \tag{5.4}$$

であるから

$$\frac{dx}{dy} = \cos y \tag{5.5}$$

である．ここで前節での定義域の決め方によって

$$y \in \left[-\frac{\pi}{2}, \frac{\pi}{2}\right] \tag{5.6}$$

であることに注意する．まず命題 5.1 の公式から

$$\begin{aligned} \frac{dy}{dx} &= \frac{1}{\frac{dx}{dy}} \\ &= \frac{1}{\cos y} \qquad (\Leftarrow (5.5) \text{ を代入した}) \end{aligned}$$

ここで，関係式 $\sin^2 y + \cos^2 y = 1$ より，

$$\cos y = \pm\sqrt{1 - \sin^2 y}$$

であるが，y は (5.6) の範囲にあるから $\cos y \geq 0$ であり，したがって複号は「+」のほうで

$$\cos y = \sqrt{1 - \sin^2 y}$$

となる．ここに (5.4) を代入して

$$\cos y = \sqrt{1 - x^2}$$

と表され，したがって先程の計算の最後の式から

$$\frac{dy}{dx} = \frac{1}{\sqrt{1 - x^2}}$$

となる．□

例題 4. $y = \arctan x$ の微分を求めよ．

解　x について解くと

$$x = \tan y \tag{5.7}$$

であるから

$$\frac{dx}{dy} = \frac{1}{\cos^2 y} \tag{5.8}$$

である．したがって命題 5.1 の公式から

$$\begin{aligned}
\frac{dy}{dx} &= \frac{1}{\frac{dx}{dy}} \\
&= \frac{1}{\frac{1}{\cos^2 y}} \qquad (\Leftarrow (5.8) \text{ を代入した}) \\
&= \cos^2 y \\
&= \frac{1}{1 + \tan^2 y} \\
&= \frac{1}{1 + x^2} \qquad (\Leftarrow (5.7) \text{ を代入した})
\end{aligned}$$

となる．　□

第5章 演習問題

1. 次の関数の微分を逆関数の微分法を用いて求めよ．

(1) $y = \sqrt[3]{x}$

(2) $y = \log \sqrt{x}$

(3) $y = \arcsin \dfrac{x}{2}$

2. 次の極限値をロピタルの定理を利用して求めよ．

(1) $\displaystyle \lim_{x \to 0} \frac{\arcsin x}{x}$

(2) $\displaystyle \lim_{x \to 0} \frac{\arctan x}{x}$

解説動画 →

6　パラメータ表示された関数の微分

6.1　パラメータ表示

ここまでは $y = x^2$ のように y が直接 x の関数として表されている場合をあつかってきたが

$$\begin{cases} x = \cos t \\ y = \sin t \end{cases}$$

のように y が変数 t を介して x の関数となっている場合を考えるのがこの章の目標である．一般に

$$\begin{cases} x = f(t) \\ y = g(t) \end{cases}$$

のような表示を「パラメータ表示」あるいは「媒介変数表示」とよぶ．このときの変数 t は「パラメータ」あるいは「媒介変数」とよばれる．

6.2　パラメータ表示の微分法

パラメータ表示された関数の微分には次の公式を利用する．

定理 6.1 (パラメータ表示された関数の微分法)

$$\frac{dy}{dx} = \frac{\frac{dy}{dt}}{\frac{dx}{dt}}$$

理由] x は t の関数として与えられているが，逆関数を用いれば t を x の関数として表すことができる．したがって，t は x の関数で，y が t の関数，y はそれらの合成関数になり，その微分が以下のように計算できる．

$$\begin{aligned} \frac{dy}{dx} &= \frac{dy}{dt} \cdot \frac{dt}{dx} \qquad (\Leftarrow \text{ 合成関数の微分}) \\ &= \frac{dy}{dt} \cdot \frac{1}{\frac{dx}{dt}} \qquad (\Leftarrow \text{ 逆関数の微分}) \\ &= \frac{\frac{dy}{dt}}{\frac{dx}{dt}} \end{aligned}$$

□

図式的に表すと下図のようなイメージである.

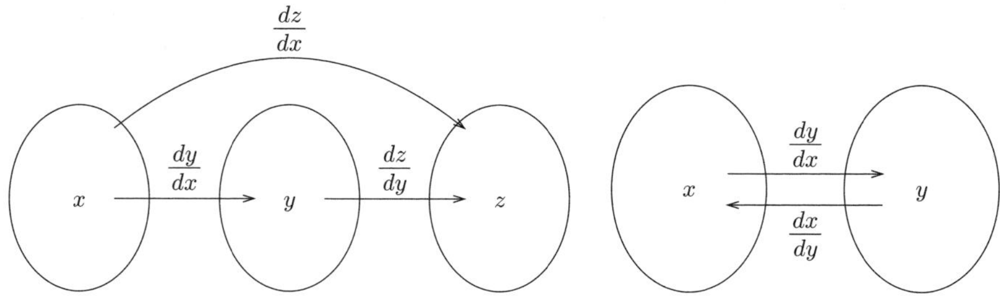

図 6.1 合成関数の微分

図 6.2 逆関数の微分

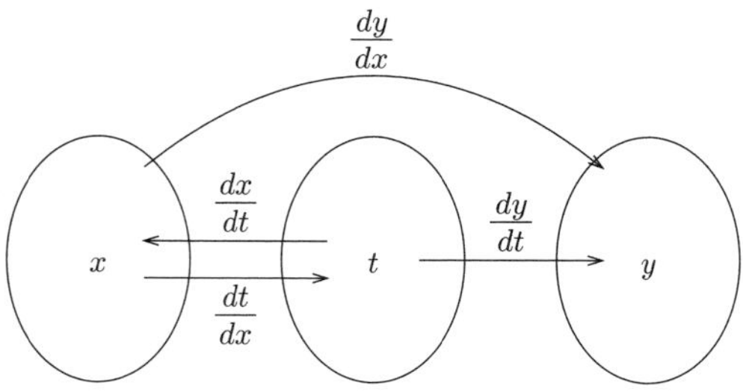

図 6.3 パラメータ表示の微分

以下は, この公式を用いる例題である.

例題 1. $x = 3t - 2, y = 2t + 5$ のとき, $\dfrac{dy}{dx}$ を求めよ.

解

$$\frac{dy}{dx} = \frac{\frac{dy}{dt}}{\frac{dx}{dt}} = \frac{(2t+5)'}{(3t-2)'} = \frac{2}{3}.$$

□

例題 2. $x = 3t + 2, y = 9t^2 + 1$ のとき, $\dfrac{dy}{dx}$ を求めよ.

解

$$\frac{dy}{dx} = \frac{\frac{dy}{dt}}{\frac{dx}{dt}} = \frac{(9t^2+1)'}{(3t+2)'} = \frac{18t}{3} = 6t.$$

□

例題 3. $x = 2\cos t, y = 3\sin t$ のとき，$\dfrac{dy}{dx}$ を求めよ．

解

$$\frac{dy}{dx} = \frac{\frac{dy}{dt}}{\frac{dx}{dt}} = \frac{(3\sin t)'}{(2\cos t)'} = \frac{3\cos t}{-2\sin t}.$$

□

6.3 パラメータの消去

パラメータ表示が与えられたとき，パラメータ t を消去して x と y の関係を求めることを「パラメータの消去」という．上の 3 つの例を使って，パラメータの消去のやり方を見てみる．

例題 $1'$. $x = 3t - 2, y = 2t + 5$ のとき，t を消去して x と y の関係式を求めよ．

解　$x = 3t - 2$ を t について解くと $t = \dfrac{1}{3}(x + 2)$．これを y の式に代入すると

$$y = 2t + 5 = 2\left(\frac{1}{3}(x + 2)\right) + 5 = \frac{2}{3}x + \frac{19}{3}.$$

よって，$y = \dfrac{2}{3}x + \dfrac{19}{3}$. □

例題 $2'$. $x = 3t + 2, y = 9t^2 + 1$ のとき，t を消去して x と y の関係式を求めよ．

解　$x = 3t + 2$ を t について解くと $t = \dfrac{1}{3}(x - 2)$．これを y の式に代入すると

$$y = 9t^2 + 1 = 9\left(\frac{1}{3}(x - 2)\right)^2 + 1 = (x - 2)^2 + 1 = x^2 - 4x + 5.$$

よって，$y = x^2 - 4x + 5$. □

例題 $3'$. $x = 2\cos t, y = 3\sin t$ のとき，t を消去して x と y の関係式を求めよ．

解 関係式 $\cos^2 t + \sin^2 t = 1$ (∗) と関係づける方向で考える．与えられた表示より

$$\cos t = \frac{x}{2}, \sin t = \frac{y}{3}$$

であるからこれを (∗) に代入して

$$\frac{x^2}{4} + \frac{y^2}{9} = 1.$$

□

注意．x か y が t の 1 次式であるときは，それを t について解いて他方に代入すればよい．例題 3′ のように $\cos t, \sin t$ を含んでいるときは (∗) を利用するのが定石である．

第6章　演習問題

1. パラメータ表示 $x = 4t + 3, y = 5t - 2$ で与えられる関数について次の問に答えよ.

(1) $\dfrac{dy}{dx}$ を求めよ.

(2) t を消去して x と y の関係を求めよ.

2. パラメータ表示 $x = 2t - 1, y = 4t^2 - 4$ で与えられる関数について次の問に答えよ.

(1) $\dfrac{dy}{dx}$ を求めよ.

(2) t を消去して x と y の関係を求めよ.

3. パラメータ表示 $x = 3\cos t + 1, y = 4\sin t + 2$ で与えられる関数について次の問に答えよ.

(1) $\dfrac{dy}{dx}$ を求めよ.

(2) t を消去して x と y の関係を求めよ.

解説動画 →

7 ニュートン法

微分法の重要な応用の一つである「ニュートン法」を理解するのが目標である．これによって，方程式 $f(x) = 0$ の解を，漸化式で定まる数列として近似することが可能になる．

7.1 ニュートン法の原理

関数 $f(x)$ に対して，次のようにして方程式 $f(x) = 0$ の解に近づいていく数列 $\{x_i\}$ を作ることができる：

原理 7.1 (ニュートン法の原理)
関数 $y = f(x)$ のグラフを C とする．
(0) 初期値 x_0 を決める．
$(0 \to 1)$ C の $x = x_0$ における接線と x 軸との交点の x 座標を x_1，
$(1 \to 2)$ C の $x = x_1$ における接線と x 軸との交点の x 座標を x_2，
一般に
$(i \to i+1)$ C の $x = x_i$ における接線と x 軸との交点の x 座標を x_{i+1}，
とすると，数列 $\{x_i\}$ は方程式 $f(x) = 0$ の解にしだいに近づいていく．

図示すると次のようになる．図 7.1 の α は $f(x) = 0$ の解を表している．

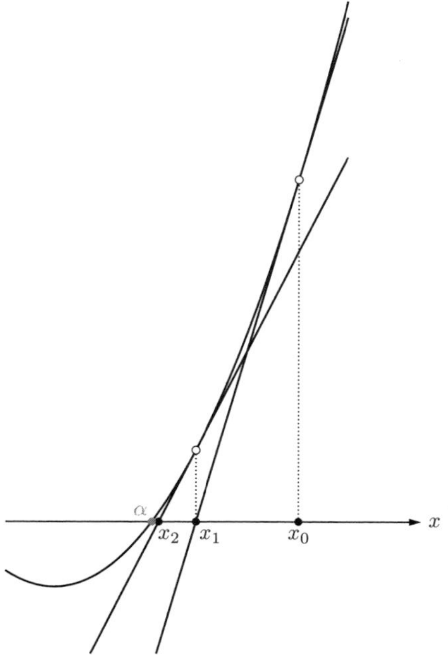

図 **7.1**　ニュートン法の原理

この原理を数式に翻訳するためには，与えられた点における接線の方程式と，その x 軸との交点の x 座標を求めればよい．一般に，C 上の点 $(a, f(a))$ における接線の方程式は

$$y = f'(a)(x - a) + f(a)$$

であった．これと x 軸との交点は，$y = 0$ とおいて右辺 $= 0$ という x の 1 次方程式を解けばよい．すなわち

$$\begin{aligned} f'(a)(x - a) + f(a) &= 0 \\ f'(a)(x - a) &= -f(a) \\ x - a &= -\frac{f(a)}{f'(a)} \\ x &= a - \frac{f(a)}{f'(a)} \end{aligned}$$

というようにして x の値が求められる．この最後の式の右辺で $a = x_i$ とおけば，左辺の x が x_{i+1} となる．これで次の定理が得られた：

定理 7.2 (ニュートン法の公式)
方程式 $f(x)=0$ が与えられたとき，初期値 x_0 からはじめて，漸化式

$$x_{i+1} = x_i - \frac{f(x_i)}{f'(x_i)} \qquad (i = 0, 1, 2, \cdots) \tag{7.1}$$

によって決まる数列は解にしだいに近づいていく．

実際にいろいろな方程式の解を求めてみよう．

例題 1．$\sqrt{2}$ の近似値を求めるためにニュートン法を適用したときの x_1, x_2 を求めよ．ただし $x_0 = 2$ とする．

解 $\sqrt{2}$ は方程式 $x^2 = 2$ の解だから，$f(x) = x^2 - 2$ とおいてニュートン法を適用する．まず $f'(x) = 2x$ だから，等式 (7.1) の右辺は

$$x_i - \frac{f(x_i)}{f'(x_i)} = x_i - \frac{x_i^2 - 2}{2x_i} = \frac{x_i^2 + 2}{2x_i}$$

となる．したがって

$$x_{i+1} = \frac{x_i^2 + 2}{2x_i} \qquad (i = 0, 1, 2, \cdots) \tag{7.2}$$

という漸化式が得られる．この式で $i = 0$ とおくと

$$x_1 = \frac{x_0^2 + 2}{2x_0} = \frac{2^2 + 2}{2 \cdot 2} = \frac{3}{2}$$

となる．さらに (7.2) で $i = 1$ とおくと

$$x_2 = \frac{x_1^2 + 2}{2x_1} = \frac{(\frac{3}{2})^2 + 2}{2 \cdot \frac{3}{2}} = \frac{\frac{17}{4}}{3} = \frac{17}{12}$$

となる． □

さらに計算を続けて，結果を小数で表すと次のようになる：

$$\begin{aligned}
x_1 &= \underline{1}.5000000000000000000000000000000000000000000000000 \\
x_2 &= \underline{1.41}66666666666666666666666666666666666666666666667 \\
x_3 &= \underline{1.41421}56862745098039215686274509803921568627450980 \\
x_4 &= \underline{1.41421356237}46899106262955788901349101165596221157 \\
x_5 &= \underline{1.41421356237309504880168}96235025302436149819257762 \\
x_6 &= \underline{1.41421356237309504880168872420969807856967187537}72 \\
&\cdots \\
\sqrt{2} &= 1.4142135623730950488016887242096980785696718753769
\end{aligned}$$

正しい値と一致している部分に下線を引いた．これを見ると，正しい桁数がほぼ 2 倍ずつ増えていっている．これは $\sqrt{2}$ の計算に限らず，どんな方程式の場合でも成り立っているニュートン法の重要な特徴である．

例題 2. $\sqrt[3]{2}$ の近似値を求めるためにニュートン法を適用したときの x_1, x_2 を求めよ．ただし $x_0 = 1$ とする．

解 $\sqrt[3]{2}$ は方程式 $x^3 = 2$ の解だから，$f(x) = x^3 - 2$ とおいてニュートン法を適用する．まず $f'(x) = 3x^2$ だから，等式 (7.1) の右辺は

$$x_i - \frac{f(x_i)}{f'(x_i)} = x_i - \frac{x_i^3 - 2}{3x_i^2} = \frac{2x_i^3 + 2}{3x_i^2}$$

となる．したがって

$$x_{i+1} = \frac{2x_i^3 + 2}{3x_i^2} \qquad (i = 0, 1, 2, \cdots)$$

という漸化式が得られる．この式で順に $i = 0, 1$ とおけば

$$\begin{aligned} x_1 &= \frac{2x_0^3 + 2}{3x_0^2} = \frac{2 \cdot 1 + 2}{3 \cdot 1} = \frac{4}{3} \\ x_2 &= \frac{2x_1^3 + 2}{3x_1^2} = \frac{2 \cdot (\frac{4}{3})^3 + 2}{3 \cdot (\frac{4}{3})^2} = \frac{\frac{182}{27}}{\frac{16}{3}} = \frac{91}{72} \end{aligned}$$

となる． □

さらに計算して小数で表すと

$$\begin{aligned} x_1 &= \underline{1}.3333333333333333333333333333333333333333333333333 \\ x_2 &= \underline{1.2}638888888888888888888888888888888888888888888889 \\ x_3 &= \underline{1.2599}334934499769664604829439994275159110323945489 \\ x_4 &= \underline{1.2599210}500177697737293010979898432536537097958626 \\ x_5 &= \underline{1.2599210498948731647}791983238845005280761096256985 \\ x_6 &= \underline{1.259921049894873164767210607278228350570}3655237129 \\ &\cdots \\ \sqrt[3]{2} &= 1.2599210498948731647672106072782283505702514647015 \end{aligned}$$

正しい数値の部分に下線を引いた．やはり正しい桁数がほぼ 2 倍ずつ増えていっている．

第7章 演習問題

1. $\sqrt{6}$ の近似値を求めるためにニュートン法を適用したときの x_1, x_2 を求めよ．ただし $x_0 = 2$ とする．

2. 方程式 $x^2 - x - 1 = 0$ の解の近似値を求めるためにニュートン法を適用したときの x_1, x_2, x_3 を求めよ．ただし $x_0 = 1$ とする．

解説動画 →

8 積分

不定積分の基本公式，定積分，そしてその応用としての面積の計算法を述べるのが目標である．

8.1 不定積分

微分すると $f(x)$ になる関数のことを「$f(x)$ の原始関数」という．例えば $(x^2)' = 2x$ であるから，x^2 は $2x$ の原始関数である．注意が必要なのは，x^2 だけでなく

$$x^2 + 3,\ \ x^2 - 100,\ \ x^2 + \pi,\ \ \cdots$$

は，微分すると $2x$ だから，どれも $2x$ の原始関数ということになる．したがって，$2x$ の任意の原始関数は，定数 C を用いて

$$x^2 + C$$

と表される．これらをまとめて

$$\int 2x dx$$

という記号で表し，「$2x$ の不定積分」という．一般に $f(x) = F'(x)$ のとき

$$\int f(x)dx = F(x) + C$$

と表される．この C を「積分定数」という．

$$F'(x) = f(x) \Leftrightarrow \int f(x)dx = F(x) + C \ \ (C \text{ は積分定数})$$

8.2 不定積分の公式

微分の公式のそれぞれが，以下のように不定積分の公式に対応する．ここで C は積分定数である．

	微分の公式	積分の公式
(1)	$(x^n)' = nx^{n-1}$	$\int x^n dx = \frac{1}{n+1}x^{n+1} + C \ \ (n \neq -1)$
(2)	$(\sin x)' = \cos x$	$\int \cos x dx = \sin x + C$
(3)	$(\cos x)' = -\sin x$	$\int \sin x dx = -\cos x + C$
(4)	$(e^x)' = e^x$	$\int e^x dx = e^x + C$
(5)	$(\log x)' = \frac{1}{x}$	$\int \frac{1}{x} dx = \log x + C$

8.3 積分の法則

一般に次の法則が成り立つ：

定理 8.1 (積分の計算法則)
(1) 関数 $f(x)$ と $g(x)$ の和あるいは差の積分は，それぞれの積分の和あるいは差に分けてよい．すなわち

$$\int (f(x) \pm g(x))dx = \int f(x)dx \pm \int g(x)dx \quad (\text{複号同順}) \tag{8.1}$$

が成り立つ．

(2) 定数は積分の外に出してよい．すなわち，定数 a に対して

$$\int af(x)dx = a\int f(x)dx \tag{8.2}$$

が成り立つ．

例題 1．次の不定積分を計算せよ．

$$\int (3x^3 - 4x^2 - 5x + 6)dx$$

解　次のように計算法則を利用しながら計算していけばよい．

$$\begin{aligned}
&\int (3x^3 - 4x^2 - 5x + 6)dx \\
&= \int 3x^3dx - \int 4x^2dx - \int 5xdx + \int 6dx \\
&\qquad\qquad (\Leftarrow (8.1)\ \text{を用いて積分を分けた}) \\
&= 3\int x^3dx - 4\int x^2dx - 5\int xdx + 6\int 1dx \\
&\qquad\qquad (\Leftarrow (8.2)\ \text{を用いて定数は外へ出した}) \\
&= 3\cdot\frac{x^4}{4} - 4\cdot\frac{x^3}{3} - 5\cdot\frac{x^2}{2} + 6\cdot x + C \\
&\qquad\qquad (\Leftarrow\ \text{積分の公式}\ (1).\ \text{積分が終わったら「}C\text{」をつける}) \\
&= \frac{3x^4}{4} - \frac{4x^3}{3} - \frac{5x^2}{2} + 6x + C
\end{aligned}$$

□

8.4　定積分

$f(x)$ の不定積分が $F(x)$ であるとき，$F(b) - F(a)$ のことを $\int_a^b f(x)dx$ と書き，「$f(x)$ の a から b までの定積分」という：

定義 8.2 (定積分の定義)
$f(x)$ の不定積分が $F(x)$ であるとき

$$\int_a^b f(x)dx = \Big[F(x)\Big]_a^b = F(b) - F(a)$$

例題 2. 次の定積分を計算せよ．

$$\int_{-2}^{2} (3x^3 - 4x^2 - 5x + 6)dx$$

解　不定積分は例題 1 で計算してあるから，その結果の $x = 2$ での値から

$x=-2$ での値を引けばよい.

$$
\begin{aligned}
&\int_{-2}^{2}(3x^3-4x^2-5x+6)dx \\
&=\left[\frac{3x^4}{4}-\frac{4x^3}{3}-\frac{5x^2}{2}+6x\right]_{-2}^{2} \qquad (\Leftarrow \text{例題 1 より}) \\
&=\left(\frac{3\cdot 2^4}{4}-\frac{4\cdot 2^3}{3}-\frac{5\cdot 2^2}{2}+6\cdot 2\right) \\
&\qquad\qquad -\left(\frac{3\cdot(-2)^4}{4}-\frac{4\cdot(-2)^3}{3}-\frac{5\cdot(-2)^2}{2}+6\cdot(-2)\right) \\
&\qquad\qquad\qquad (\Leftarrow \text{定積分の定義}) \\
&=\frac{3\cdot(2^4-(-2)^4)}{4}-\frac{4\cdot(2^3-(-2)^3)}{3}-\frac{5\cdot(2^2-(-2)^2)}{2}+6\cdot(2-(-2)) \\
&\qquad (\Leftarrow \text{対応する項を引き算する. それぞれ通分するより簡単}) \\
&=\frac{3\cdot(0)}{4}-\frac{4\cdot(2\cdot 2^3)}{3}-\frac{5\cdot(0)}{2}+6\cdot(2\cdot 2) \\
&\qquad (\Leftarrow \text{偶数乗のところは「0」, 奇数乗のところは「2 倍」}) \\
&=-\frac{64}{3}+24 \\
&=\frac{8}{3}
\end{aligned}
$$

□

注意. この例題のように「$-a$ から a での定積分」のとき,「x^3」のような奇関数は定積分が 0 になり,「x^2」のような偶関数は「0 から a までの定積分の 2 倍」になる.

8.5 面積

図 8.1 のように $y=f(x)$ のグラフと $y=g(x)$ のグラフで囲まれた部分の面積 S は定積分を用いて計算できる:

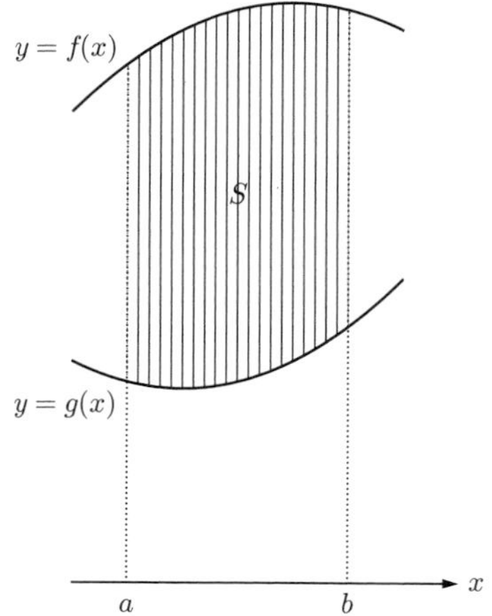

図 8.1　$y = f(x)$ のグラフと $y = g(x)$ のグラフで囲まれた部分

定理 8.3
関数 $f(x), g(x)$ が区間 $[a, b]$ において，つねに $f(x) \geq g(x)$ をみたしているとき，曲線 $y = f(x)$，曲線 $y = g(x)$，および直線 $x = a, x = b$ で囲まれた部分の面積 S は次の定積分で与えられる．

$$S = \int_a^b (f(x) - g(x))dx$$

例題 3. $y = \sin x$ のグラフの $0 \leq x \leq \pi$ の部分と x 軸で囲まれた部分の面積 S を求めよ．

解　定理 8.3 において，関数が

$$f(x) = \sin x,\ \ g(x) = 0$$

区間が

$$[a, b] = [0, \pi]$$

の場合にあたる．したがって，図 8.2 の縦線部の面積 S を求めることになる．

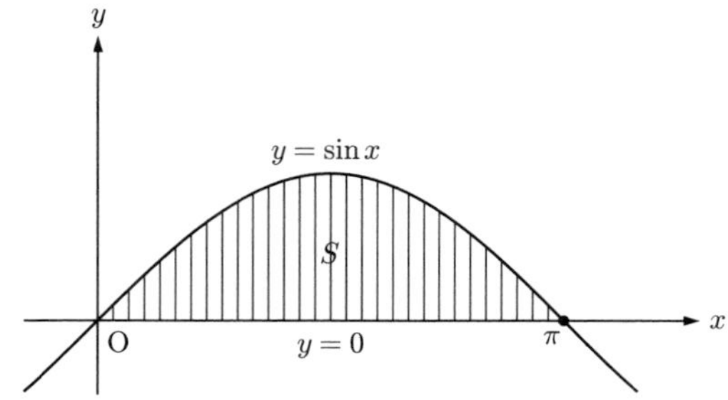

図 8.2 $y = \sin x$ のグラフと x 軸で囲まれた部分

したがって

$$S = \int_0^{\pi} \sin x dx = \Big[-\cos x\Big]_0^{\pi} = -\cos\pi - (-\cos 0) = 2$$

□

例題 4. 放物線 $y = -x(x-4)$ と直線 $y = 2x$ で囲まれた部分の面積 S を求めよ.

解 まず交点を求めるために, $-x(x-4) = 2x$ とおくと

$$-x^2 + 4x = 2x$$

より, $x^2 - 2x = x(x-2) = 0$. したがって交点の x 座標は $x = 0, 2$ であって, グラフは図 8.3 のようになり, 縦線部の面積 S を求めることになる.

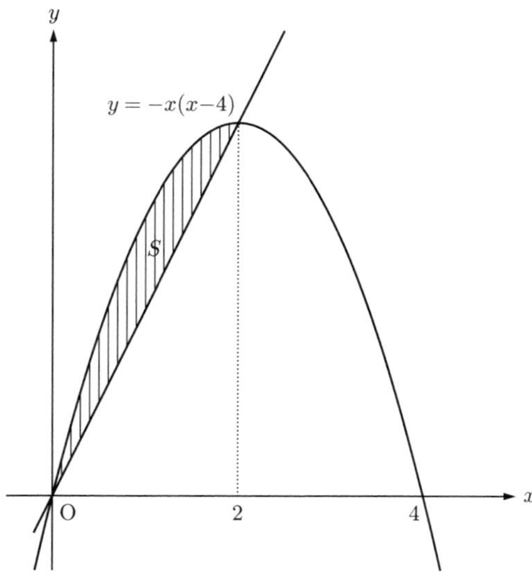

図 8.3 $y = -x(x-4)$ のグラフと $y = 2x$ のグラフで囲まれた部分

これは定理 8.3 において，関数が

$$f(x) = -x(x-4), \quad g(x) = 2x$$

区間が

$$[a,b] = [0,2]$$

の場合にあたるから，次のように計算できる．

$$\begin{aligned} S &= \int_0^2 (-x(x-4) - 2x)dx = \int_0^2 (-x^2 + 2x)dx \\ &= \left[-\frac{1}{3}x^3 + x^2\right]_0^2 = \left(-\frac{1}{3}\cdot 2^3 + 2^2\right) - \left(-\frac{1}{3}\cdot 0^3 + 0^2\right) = \frac{4}{3}. \end{aligned}$$

□

8.6 逆三角関数の応用

逆関数の微分の章で求めた，逆三角関数の微分公式を利用すると，いろいろな積分も求められるようになる．その代表的な例題を見てみよう．

例題 5. $\displaystyle\int_0^{\frac{1}{2}} \frac{1}{\sqrt{1-x^2}}dx$ を求めよ．

解 $(\arcsin x)' = \dfrac{1}{\sqrt{1-x^2}}$ であったから，次のように計算できる：

$$\begin{aligned} \int_0^{\frac{1}{2}} \frac{1}{\sqrt{1-x^2}}dx &= \Big[\arcsin x\Big]_0^{\frac{1}{2}} \\ &= \arcsin\frac{1}{2} - \arcsin 0 \\ &= \frac{\pi}{6} - 0 \\ &= \frac{\pi}{6} \end{aligned}$$

□

例題 6. $\displaystyle\int_0^1 \frac{1}{1+x^2}dx$ を求めよ．

解 $(\arctan x)' = \dfrac{1}{1+x^2}$ であったから，次のように計算できる：

$$\begin{aligned}\int_0^1 \frac{1}{1+x^2}dx &= \Big[\arctan x\Big]_0^1 \\ &= \arctan 1 - \arctan 0 \\ &= \frac{\pi}{4} - 0 \\ &= \frac{\pi}{4}\end{aligned}$$

□

第8章　演習問題

1. 次の不定積分を求めよ.

(1) $\displaystyle\int (x^3 + x^2 + x)dx$

(2) $\displaystyle\int (2\sin x - 3\cos x)dx$

2. 次の定積分を求めよ.

(1) $\displaystyle\int_1^2 (-2x^2 + 3x)dx$

(2) $\displaystyle\int_1^e \frac{1}{x}dx$

3. 放物線 $y = x^2$ と直線 $y = x + 2$ で囲まれた図形の面積 S を求めよ.

解説動画 →

9 置換積分

置換積分の公式と使い方を述べるのが目標である．

9.1 置換積分の公式

積分の中に

「ある式とその微分がはいっているとき，その式を t とおく」

ことによって積分を求めることができる：

定理 9.1 (置換積分の公式)
不定積分 $\int f(g(x))g'(x)dx$ は，$t = g(x)$ とおくことによって

$$\int f(g(x))g'(x)dx = \int f(t)dt \tag{9.1}$$

というように $f(t)$ の不定積分に帰着される．

証明 右辺を $F(t) + C$ とする．これを t で微分すると，右辺の積分の中身になり，

$$\frac{dF}{dt} = f(t) \tag{9.2}$$

が成り立っている．一方 $F(t)$ を x で微分すると

$$\begin{aligned}
\frac{dF}{dx} &= \frac{dF}{dt}\frac{dt}{dx} \qquad (\Leftarrow \text{ 合成関数の微分}) \\
&= f(t)\frac{dt}{dx} \qquad (\Leftarrow (9.2)) \\
&= f(g(x))g'(x) \qquad (\Leftarrow t = g(x) \text{ とおいたから})
\end{aligned}$$

このように右辺の x での微分は式 (9.1) の左辺の積分の中身に等しくなるから，積分の定義によって (9.1) が成り立つ． □

9.2 パターンの分類

置換積分で求められる積分には，大きくわけて次の A のタイプと B のタイプがある．その特徴は

A タイプ：ある関数とその微分が積分の中に見えているもの，
B タイプ：1 次式を t とおけば簡単になるもの，

とまとめられる．そこで，それぞれのパターンの例題を通して，置換積分の公式を理解しよう．

例題

A.1) $\displaystyle\int 2x\sin x^2 dx$

A.2) $\displaystyle\int \sin x\cos x dx$

B.1) $\displaystyle\int \cos 4x dx$

B.2) $\displaystyle\int (3x+2)^{100} dx$

以下この順番に計算のしかたを見ていく．

例題 A.1 $\displaystyle\int 2x\sin x^2 dx$

解 $t = x^2$ とおくと $\dfrac{dt}{dx} = 2x$ である．この分母をはらうと $dt = 2xdx$ となるから次のように計算できる．

$$\int 2x\sin x^2 dx = \int (\sin x^2) 2xdx = \int \sin t dt = -\cos t + C = -\cos x^2 + C$$

(C は積分定数)

□

例題 A.2 $\displaystyle\int \sin x\cos x dx$

解 $(\sin x)' = \cos x$ であることに着目して $t = \sin x$ とおく．すると

$\dfrac{dt}{dx} = \cos x$ だから $dt = \cos x dx$. したがって次のように計算できる.

$$\int \sin x \cos x dx = \int t dt = \frac{t^2}{2} + C = \frac{\sin^2 x}{2} + C$$

(C は積分定数)

□

例題 B.1 $\int \cos 4x dx$

解 $t = 4x$ とおくと $\dfrac{dt}{dx} = 4$ だから $dx = \dfrac{1}{4}dt$. したがって次のように計算できる.

$$\int \cos 4x dx = \int \cos t \cdot \frac{1}{4} dt = \frac{1}{4} \int \cos t dt = \frac{1}{4} \sin t + C = \frac{1}{4} \sin 4x + C$$

(C は積分定数)

□

例題 B.2 $\int (3x+2)^{100} dx$

解 $t = 3x + 2$ とおくと $\dfrac{dt}{dx} = 3$ だから $dx = \dfrac{1}{3}dt$. したがって次のように計算できる.

$$\begin{aligned} \int (3x+2)^{100} dx &= \int t^{100} \cdot \frac{1}{3} dt = \frac{1}{3} \int t^{100} dt \\ &= \frac{1}{3} \cdot \frac{t^{101}}{101} + C = \frac{(3x+2)^{101}}{303} + C \end{aligned}$$

(C は積分定数)

□

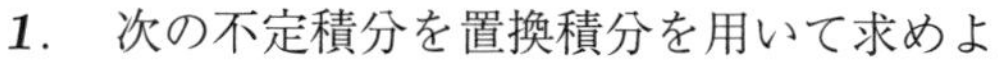

第9章　演習問題

1. 次の不定積分を置換積分を用いて求めよ.

(1) $\displaystyle\int 3x^2 \cos x^3 dx$

(2) $\displaystyle\int (2x+3)e^{x^2+3x} dx$

(3) $\displaystyle\int \tan x dx$

(4) $\displaystyle\int (5x+3)^{20} dx$

(5) $\displaystyle\int \sin(6x-5) dx$

(6) $\displaystyle\int \frac{x}{x^2+1} dx$

2. $\sin^2 x + \cos^2 x = 1$ であることを利用して，次の積分を置換積分を用いて求めよ.

(1) $\displaystyle\int \cos^3 x dx$

(2) $\displaystyle\int \sin^5 x dx$

解説動画 →

10　部分積分

部分積分の公式と使い方を述べるのが目標である．

10.1　部分積分の公式

積分の中が

「(多項式)· 三角関数，(多項式)· 指数関数，(多項式)· 対数関数の形」

のときは部分積分によって求めることができる：

定理 10.1 (部分積分の公式)

$$\int f(x)g'(x)dx = f(x)g(x) - \int f'(x)g(x)dx \tag{10.1}$$

証明　積の微分の公式

$$\{f(x)g(x)\}' = f'(x)g(x) + f(x)g'(x)$$

の両辺を積分すれば

$$\begin{aligned} f(x)g(x) &= \int (f'(x)g(x) + f(x)g'(x))dx \\ &= \int f'(x)g(x)dx + \int f(x)g'(x)dx \end{aligned}$$

となり，移項すれば

$$\int f(x)g'(x)dx = f(x)g(x) - \int f'(x)g(x)dx$$

が得られる． □

部分積分の公式は，(10.1) の左辺の積分よりも，右辺に現れる積分のほうが求めやすい場合に用いられる．そのためには，左辺のような掛け算の積分が現れたとき，どちらを $f(x)$，どちらを $g'(x)$ とみなすかを判断する必要があるが，その際の定石がある：

定石 10.2 (部分積分の使い方)

1) $\int$ (多項式) $\sin x dx$, $\int$ (多項式) $\cos x dx$, $\int$ (多項式) $e^x dx$ のとき：

多項式を $f(x)$ とおき，$\sin x, \cos x, e^x$ を $g'(x)$ とおいて部分積分する．

2) $\int$ (多項式) $\log x dx$ のとき：

多項式を $g'(x)$ とおき，$\log x$ を $f(x)$ とおいて部分積分する．

例題 1. $\int x \sin x dx$ を求めよ．

解 これは定石 10.2 の 1) の場合にあたるので，等式 (10.1) で $f(x) = x, g'(x) = \sin x$ とおく．先に $f'(x), g(x)$ を求めておくと

$$\begin{array}{cc} f(x) = x & g'(x) = \sin x \\ \text{微分}\downarrow & \text{積分}\downarrow \\ f'(x) = 1 & g(x) = -\cos x \end{array}$$

したがって

$$\begin{aligned} \int x \sin x dx &= \int f(x)g'(x)dx \\ &= f(x)g(x) - \int f'(x)g(x)dx \\ &= x \cdot (-\cos x) - \int 1 \cdot (-\cos x)dx \\ &= -x \cos x + \int \cos x dx \\ &= -x \cos x + \sin x + C \qquad (C \text{ は積分定数}) \end{aligned}$$

□

例題 2. $\int (x^2 + 3x)e^x dx$ を求めよ．

解 これも定石 10.2 の 1) の場合にあたるので，等式 (10.1) で $f(x) =$

$x^2+3x, g'(x)=e^x$ とおく．先に $f'(x), g(x)$ を求めておくと

$$\begin{array}{ccc} f(x)=x^2+3x & & g'(x)=e^x \\ \text{微分}\downarrow & & \text{積分}\downarrow \\ f'(x)=2x+3 & & g(x)=e^x \end{array}$$

したがって

$$\begin{aligned} \int (x^2+3x)e^x dx &= \int f(x)g'(x)dx \\ &= f(x)g(x) - \int f'(x)g(x)dx \\ &= (x^2+3x)e^x - \int (2x+3)e^x dx \end{aligned}$$

この最後の辺の積分 $\int (2x+3)e^x dx$ を求めるためにもう一度部分積分を適用する．そこであらためて $f(x) = 2x+3, g'(x) = e^x$ とおくと，$f'(x) = 2, g(x)=e^x$ であるから

$$\begin{aligned} \int (2x+3)e^x dx &= \int f(x)g'(x)dx \\ &= f(x)g(x) - \int f'(x)g(x)dx \\ &= (2x+3)e^x - \int 2e^x dx \\ &= (2x+3)e^x - (2e^x + C) \qquad (C \text{ は積分定数}) \\ &= (2x+1)e^x - C \end{aligned}$$

これを最初の計算に代入すると

$$\begin{aligned} \int (x^2+3x)e^x dx &= (x^2+3x)e^x - \int (2x+3)e^x dx \\ &= (x^2+3x)e^x - ((2x+1)e^x - C) \\ &= (x^2+x-1)e^x + C \end{aligned}$$

□

例題 3. $\int x \log x dx$ を求めよ．

解　これは定石 10.2 の 2) の場合にあたるので，公式で $f(x) = \log x, g'(x) = x$ とおくと，

$$\begin{array}{ccc} f(x)=\log x & & g'(x)=x \\ \text{微分}\downarrow & & \text{積分}\downarrow \\ f'(x)=\dfrac{1}{x} & & g(x)=\dfrac{x^2}{2} \end{array}$$

したがって

$$
\begin{aligned}
\int x\log x dx &= \int f(x)g'(x)dx \\
&= f(x)g(x) - \int f'(x)g(x)dx \\
&= \frac{x^2}{2}\log x - \int \frac{1}{x}\cdot\frac{x^2}{2}dx \\
&= \frac{x^2}{2}\log x - \int \frac{x}{2}dx \\
&= \frac{x^2}{2}\log x - \frac{x^2}{4} + C \qquad (C\text{ は積分定数})
\end{aligned}
$$

□

第10章　演習問題

1. 次の不定積分を部分積分を用いて求めよ．

(1) $\displaystyle\int x\cos x dx$

(2) $\displaystyle\int x^2 e^x dx$

(3) $\displaystyle\int \log x dx$

2. 次の表は $\displaystyle\int x^n e^x dx$ の $n=1$ から $n=4$ までの表である：

n	$\displaystyle\int x^n e^x dx$
1	$(x-1)e^x$
2	$(x^2-2x+2)e^x$
3	$(x^3-3x^2+6x-6)e^x$
4	$(x^4-4x^3+12x^2-24x+24)e^x$

この表から，一般の自然数 n に対して $\displaystyle\int x^n e^x dx$ の形を予想し，それを証明せよ．

解説動画 →

11　有理関数の積分 I

本章と次章で「有理関数」$\dfrac{f(x)}{g(x)}$（$f(x), g(x)$ は多項式）の積分を求める方法を述べる．本章は，分母の $g(x)$ が 1 次式の積に因数分解できる場合を理解するのが目標である．

11.1　部分分数分解

たとえば $\dfrac{x-5}{(x-1)(x-2)}$ のような有理関数を

$$\frac{x-5}{(x-1)(x-2)} = \frac{A}{x-1} + \frac{B}{x-2} \qquad (A, B \text{ は定数})$$

というように分けることを「部分分数分解」という．この A, B は次のようにして求めることができる．

1) 両辺に $(x-1)(x-2)$ を掛けて分母をはらう：

$$x-5 = A(x-2) + B(x-1)$$

2) $x = 1, x = 2$ とおいて A, B を求める：

$x = 1$ とおくと $-4 = -A$ となり，$A = 4$

$x = 2$ とおくと $-3 = B$ となり，$B = -3$

3) したがって

$$\frac{x-5}{(x-1)(x-2)} = \frac{4}{x-1} + \frac{-3}{x-2} = \frac{4}{x-1} - \frac{3}{x-2}$$

11.2　有理関数の積分

部分分数分解を用いた有理関数の積分の方法を例題を通して見ていこう．

例題 1. $\displaystyle\int \frac{x-5}{(x-1)(x-2)}dx$

解　積分の中身は前節の有理関数と同じだから，そこで求めた部分分数分解を利用して次のように計算する：

$$\begin{aligned}\int \frac{x-5}{(x-1)(x-2)}dx &= \int \left(\frac{4}{x-1} - \frac{3}{x-2}\right) dx \\ &= \int \frac{4}{x-1}dx - \int \frac{3}{x-2}dx \\ &= 4\log(x-1) - 3\log(x-2) + C \\ &= \log\frac{(x-1)^4}{(x-2)^3} + C\end{aligned}$$

(C は積分定数)

□

例題 2. $\displaystyle\int \frac{x^3-x^2-3x+1}{(x-1)(x-2)}dx$

解 この例のように，分子の次数が分母の次数より大きいか等しい場合は，まず割り算を行う．

1) x^3-x^2-3x+1 を $(x-1)(x-2)=x^2-3x+2$ で割る：

$$x^3-x^2-3x+1 = (x+2)(x^2-3x+2) + (x-5)$$

したがって

$$\frac{x^3-x^2-3x+1}{(x-1)(x-2)} = (x+2) + \frac{x-5}{(x-1)(x-2)}$$

2) 1) で求めた割り算の式を使って，例題 1 のように計算する：

$$\begin{aligned}\int \frac{x^3-x^2-3x+1}{(x-1)(x-2)}dx &= \int (x+2)dx + \int \frac{x-5}{(x-1)(x-2)}dx \\ &= \frac{x^2}{2} + 2x + \log\frac{(x-1)^4}{(x-2)^3} + C\end{aligned}$$

(C は積分定数)

□

例題 3. $\displaystyle\int \frac{2x^2+5x-1}{(x+1)(x+2)(x+3)}dx$

解 この例のように分母が 3 つ（またはそれ以上）の 1 次式の積の場合も例題 1 と同様である．まず

$$\frac{2x^2+5x-1}{(x+1)(x+2)(x+3)} = \frac{A}{x+1} + \frac{B}{x+2} + \frac{C}{x+3}$$

とおいて定数 A, B, C を決めていく．分母をはらうと

$$\begin{aligned}&2x^2+5x-1\\&=A(x+2)(x+3)+B(x+1)(x+3)+C(x+1)(x+2)\end{aligned}$$

そして

$$\begin{aligned}x=-1 &\quad\Rightarrow\quad -4=A\cdot 1\cdot 2 \quad\Rightarrow\quad A=-2\\x=-2 &\quad\Rightarrow\quad -3=B\cdot(-1)\cdot 1 \quad\Rightarrow\quad B=3\\x=-3 &\quad\Rightarrow\quad 2=C\cdot(-2)\cdot(-1) \quad\Rightarrow\quad C=1\end{aligned}$$

となるから

$$\frac{2x^2+5x-1}{(x+1)(x+2)(x+3)}=\frac{-2}{x+1}+\frac{3}{x+2}+\frac{1}{x+3}$$

よって

$$\begin{aligned}&\int\frac{2x^2+5x-1}{(x+1)(x+2)(x+3)}dx\\&=\int\frac{-2}{x+1}dx+\int\frac{3}{x+2}dx+\int\frac{1}{x+3}dx\\&=-2\log(x+1)+3\log(x+2)+\log(x+3)+C\\&=\log\frac{(x+2)^3(x+3)}{(x+1)^2}+C\end{aligned}$$

(C は積分定数)

□

第 11 章　演習問題

1．次の不定積分を求めよ．

(1) $\displaystyle\int \frac{x+3}{(x+1)(x+2)}dx$

(2) $\displaystyle\int \frac{3x-4}{x^2-x-6}dx$

(3) $\displaystyle\int \frac{2x^3+10x^2+15x+7}{x^2+5x+6}dx$

(4) $\displaystyle\int \frac{7x-19}{x^3-8x^2+19x-12}dx$

2．(1) $\displaystyle\frac{4}{(x+1)(x-1)^2} = \frac{A}{x+1} + \frac{B}{x-1} + \frac{C}{(x-1)^2}$ をみたす定数 A, B, C を求めよ．

(2) 問 (1) を利用して $\displaystyle\int \frac{4}{(x+1)(x-1)^2}dx$ を求めよ．

解説動画 →

12　有理関数の積分 II

この章では有理関数 $\dfrac{f(x)}{g(x)}$ （$f(x), g(x)$ は多項式）の分母 $g(x)$ が 1 次式の積に因数分解できない場合に，その積分を求める方法を述べる．

12.1　基本となる公式

第 6 章の微分の公式

$$(\arctan x)' = \frac{1}{x^2+1}$$

から，次の積分の公式が得られる：

> **定理 12.1**
>
> $$\int \frac{1}{x^2+1}dx = \arctan x + C \qquad (C\text{ は積分定数})$$

この公式が重要な理由は，分母が 1 次式に因数分解できない場合は，すべてこれに帰着して計算することができるからである．

例題 1. $\displaystyle\int \frac{1}{x^2+c}dx \quad (c>0)$

解　置換積分を用いる．$x = \sqrt{c}t$ とおくと

$$dx = \sqrt{c}dt \tag{12.1}$$
$$x^2 + c = (\sqrt{c}t)^2 + c = ct^2 + c = c(t^2+1) \tag{12.2}$$

であるから

$$\begin{aligned}
\int \frac{1}{x^2+c}dx &= \int \frac{1}{c(t^2+1)}\sqrt{c}dt && (\Leftarrow (12.2)\text{ と }(12.1)\text{ を代入した}) \\
&= \frac{\sqrt{c}}{c}\int \frac{1}{t^2+1}dt && (\Leftarrow \text{定数は積分の外へ}) \\
&= \frac{1}{\sqrt{c}}\arctan t + C && (\Leftarrow \text{定理 }12.1) \\
&= \frac{1}{\sqrt{c}}\arctan \frac{x}{\sqrt{c}} + C && (\Leftarrow t\text{ を元に戻した})
\end{aligned}$$

（C は積分定数）

□

注意．$c<0$ のときは，$c=-d$ とおくと $d>0$ であり，与式は

$$\int \frac{1}{x^2+c}dx = \int \frac{1}{x^2-d}dx = \int \frac{1}{(x-\sqrt{d})(x+\sqrt{d})}dx$$

というように分母が 1 次式の積に因数分解されるから，前章のやり方で求められる．

例題 2． $\displaystyle\int \frac{1}{x^2-4x+7}dx$

解　分母を平方完成して置換積分する．この例では分母が

$$x^2-4x+7=(x-2)^2+3$$

と変形できるから，置換積分で $x-2=t$ とおくと，$dx=dt$ であり

$$\begin{aligned}\int \frac{1}{x^2-4x+7}dx &= \int \frac{1}{(x-2)^2+3}dx \\ &= \int \frac{1}{t^2+3}dt \\ &= \frac{1}{\sqrt{3}}\arctan\frac{t}{\sqrt{3}}+C \qquad (\Leftarrow \text{例題 1 で } c=3 \text{ の場合}) \\ &= \frac{1}{\sqrt{3}}\arctan\frac{x-2}{\sqrt{3}}+C\end{aligned}$$

(C は積分定数)

□

例題 3． $\displaystyle\int \frac{2x-4}{x^2-4x+7}dx$

解　分子がちょうど分母の微分になっていることに着目して，置換積分する．$t=$ 分母 $=x^2-4x+7$ とおくと，$dt=(2x-4)dx$ であるから

$$\int \frac{2x-4}{x^2-4x+7}dx = \int \frac{1}{t}dt = \log t + C = \log(x^2-4x+7)+C$$

(C は積分定数)

□

例題 4． $\displaystyle\int \frac{6x-5}{x^2-4x+7}dx$

解　例題 3 を応用する．この分子が $6x-5=3(2x-4)+7$ と表されること

を利用すると

$$\begin{aligned}\int \frac{6x-5}{x^2-4x+7}dx &= \int \frac{3(2x-4)+7}{x^2-4x+7}dx \\ &= \int \frac{3(2x-4)}{x^2-4x+7}dx + \int \frac{7}{x^2-4x+7}dx \\ &= 3\int \frac{2x-4}{x^2-4x+7}dx + 7\int \frac{1}{x^2-4x+7}dx \\ &= \log(x^2-4x+7) + \frac{7}{\sqrt{3}}\arctan\frac{x-2}{\sqrt{3}} + C\end{aligned}$$

(C は積分定数)

□

前章と本章の内容をまとめると以下のようになる.

定石 12.2 (有理関数の積分 $\int \frac{f(x)}{g(x)}dx$ の求め方)

1) $f(x)$ を $g(x)$ で割り算して

$$\frac{f(x)}{g(x)} = q(x) + \frac{r(x)}{g(x)}$$

の形にする.

2) $\frac{r(x)}{g(x)}$ の部分分数分解

$$\frac{r(x)}{g(x)} = \sum_{i=1}^{n} \frac{A_i}{x-B_i} + \sum_{j=1}^{m} \frac{c_j x + d_j}{x^2 + a_j x + b_j}$$

を求める.

3) 1 次式の部分は

$$\int \frac{1}{x-B}dx = \log(x-B) + C$$

を利用すれば求められる.

4) 2 次式の部分は, その分子を「(定数) × (分母の微分) + (定数)」の形に表し,

$$\int \frac{F'(x)}{F(x)}dx = \log F(x) + C$$
$$\int \frac{1}{x^2+1}dx = \arctan x + C$$

を利用すれば求められる.

第12章 演習問題

1. 次の不定積分を求めよ．

(1) $\displaystyle\int \frac{x^2+2}{x^2+1}dx$

(2) $\displaystyle\int \frac{x^2+2x+4}{x^2+1}dx$

(3) $\displaystyle\int \frac{3}{x^2+4x+5}dx$

(4) $\displaystyle\int \frac{2x^2+10x+15}{x^2+4x+5}dx$

(5) $\displaystyle\int \frac{3x^2-2x+5}{(x-1)(x^2+1)}dx$

(6) $\displaystyle\int \frac{x^2+11x+39}{x^3+5x^2+4x-10}dx$

解説動画 →

13　無理関数の積分

この章では $\int \sqrt{x+1}dx$ や $\int \frac{1}{\sqrt{x^2+x+1}}dx$ のように「$\sqrt{多項式}$」を含む関数の積分の求め方を述べる．

13.1　基本の考え方

定石 13.1 (無理関数の積分)
(1) $\sqrt{f(x)}$ （$f(x)$ は 1 次式）を含むとき：
　　$t=\sqrt{f(x)}$ とおいて置換積分

(2) $\sqrt{f(x)}$ （$f(x)$ は 2 次式）を含むとき：
　(2.1) $f(x)=x^2+a$ のとき：
　　　$t-x=\sqrt{f(x)}$ とおいて置換積分
　(2.2) $f(x)=a-x^2$ $(a>0)$ のとき：
　　　$x=\sqrt{a}\sin t$ とおいて置換積分

注意. (1) $f(x)$ が一般の 2 次式の場合は，平方完成して変数変換することで (2.1) か (2.2) の形になる．
(2) $\sqrt{*}$ の中身が 3 次以上の多項式の積分は，「楕円積分」あるいは「超楕円積分」と呼ばれ，初等関数で表すことはできないことが知られている．

いくつかの例題を通して，やり方を見ていこう．

例題 1. $\int x\sqrt{x+3}\,dx$

解　これは定石 13.1 の (1) のように，$t=\sqrt{x+3}$ とおくと

$$t^2=x+3$$
$$x=t^2-3$$
$$dx=2tdt$$

となるから次のように計算できる：

$$\begin{aligned}\int x\sqrt{x+3}\,dx &= \int (t^2-3)t\cdot 2tdt\\ &= 2\int (t^4-3t^2)dt\\ &= 2\left(\frac{t^5}{5}-t^3\right)+C\\ &= 2\left(\frac{(x+3)^{\frac{5}{2}}}{5}-(x+3)^{\frac{3}{2}}\right)+C\end{aligned}$$

（C は積分定数）

□

例題 2. $\displaystyle\int \frac{1}{\sqrt{x^2+1}}dx$

解　定石 13.1 の (2) のように，$t-x=\sqrt{x^2+1}$ とおいて両辺を 2 乗すると

$$\begin{aligned}t^2-2tx+x^2 &= x^2+1\\ x &= \frac{t^2-1}{2t} \qquad (13.1)\\ \sqrt{x^2+1} &= t-x = t-\frac{t^2-1}{2t} = \frac{t^2+1}{2t}\\ dx &= \frac{2t\cdot 2t-2(t^2-1)}{4t^2}dt = \frac{t^2+1}{2t^2}dt\end{aligned}$$

となるから次のように計算できる：

$$\begin{aligned}&\int \frac{1}{\sqrt{x^2+1}}dx\\ &= \int \frac{1}{\frac{t^2+1}{2t}}\cdot\frac{t^2+1}{2t^2}dt\\ &= \int \frac{1}{t}dt\\ &= \log t + C\\ &= \log(x+\sqrt{x^2+1})+C\end{aligned}$$

（C は積分定数）

□

例題 3. $y=\dfrac{1}{\sqrt{x^2+1}}$ のグラフと x 軸，および直線 $x=\dfrac{3}{4}, x=\dfrac{4}{3}$ で囲まれた部分の面積を求めよ．

解　図は次のようになる：

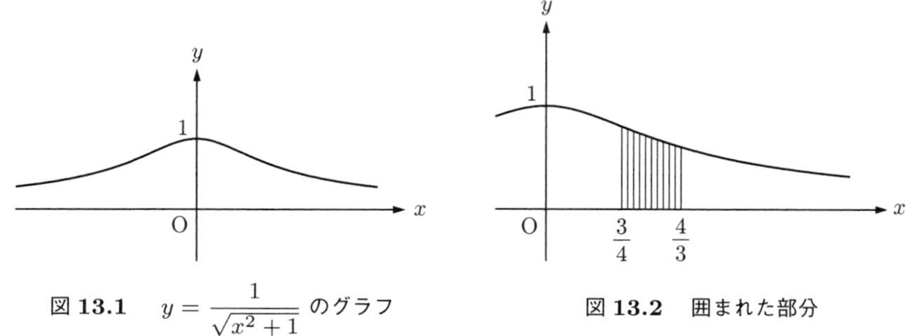

図 13.1　$y = \frac{1}{\sqrt{x^2+1}}$ のグラフ

図 13.2　囲まれた部分

不定積分は例題 2 で求めてあるので，それを利用して面積 S は次のようになる．

$$
\begin{aligned}
S &= \int_{\frac{3}{4}}^{\frac{4}{3}} \frac{1}{\sqrt{x^2+1}} dx \\
&= \left[\log(x+\sqrt{x^2+1})\right]_{\frac{3}{4}}^{\frac{4}{3}} \\
&= \log\left(\frac{4}{3}+\sqrt{\left(\frac{4}{3}\right)^2+1}\right) - \log\left(\frac{3}{4}+\sqrt{\left(\frac{3}{4}\right)^2+1}\right) \\
&= \log\left(\frac{4}{3}+\frac{5}{3}\right) - \log\left(\frac{3}{4}+\frac{5}{4}\right) \\
&= \log 3 - \log 2 \\
&= \log\frac{3}{2}
\end{aligned}
$$

例題 4. $\int_0^1 \sqrt{1-x^2}dx$

解　定石 13.1 の (2.2) のように，$x = \sin t$ とおくと

$$
\begin{aligned}
\sqrt{1-x^2} &= \sqrt{1-\sin^2 t} = \cos t \\
dx &= \cos t dt
\end{aligned}
$$

となる．また積分範囲の変換は

x	0	1
t	0	$\frac{\pi}{2}$

となるから，次のように計算できる：

$$\begin{aligned}&\int_0^1 \sqrt{1-x^2}dx\\ &=\int_0^{\frac{\pi}{2}} \cos t\cdot\cos t dt\\ &=\int_0^{\frac{\pi}{2}} \cos^2 t dt\\ &=\int_0^{\frac{\pi}{2}} \frac{1+\cos 2t}{2}dt\\ &=\left[\frac{t}{2}+\frac{\sin 2t}{4}\right]_0^{\frac{\pi}{2}}\\ &=\frac{\pi}{4}\end{aligned}$$

□

注意．この例題によって，半径 1 の円の面積は π であることが示された．

> **例題 5**．$y=\dfrac{1}{\sqrt{1-x^2}}$ のグラフと x 軸，および直線 $x=\dfrac{1}{2}, x=\dfrac{\sqrt{3}}{2}$ で囲まれた部分の面積を求めよ．

注意．定石 13.1 の (2.2) によって $x=\sin t$ とおいて置換積分することで求められるが，ここでは $\arcsin x$ の微分を利用してみよう．

解　図は次のようになる：

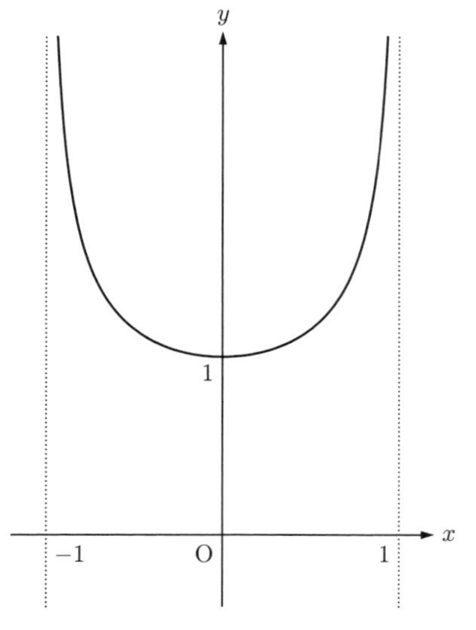

図 13.3　$y=\dfrac{1}{\sqrt{1-x^2}}$ のグラフ

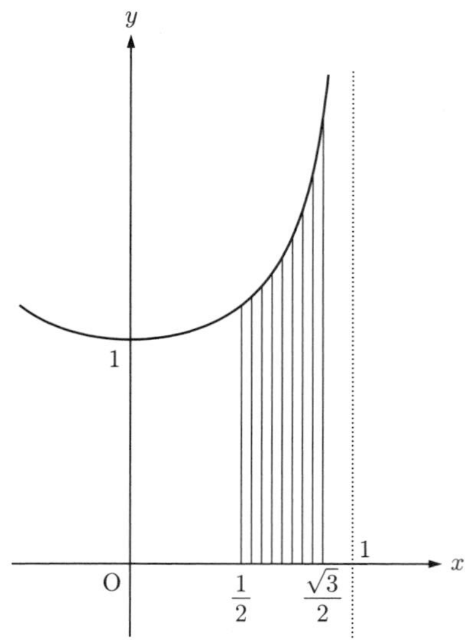

図 13.4　囲まれた部分

第 5 章の 5.4 節によれば $(\arcsin x)' = \dfrac{1}{\sqrt{1-x^2}}$ であるから，不定積分は

$$\int \frac{1}{\sqrt{1-x^2}}dx = \arcsin x + C$$

で与えられる．したがって面積 S は次のようになる．

$$\begin{aligned} S &= \int_{\frac{1}{2}}^{\frac{\sqrt{3}}{2}} \frac{1}{\sqrt{1-x^2}}dx \\ &= \Big[\arcsin x\Big]_{\frac{1}{2}}^{\frac{\sqrt{3}}{2}} \\ &= \arcsin\frac{\sqrt{3}}{2} - \arcsin\frac{1}{2} \\ &= \frac{\pi}{3} - \frac{\pi}{6} \\ &= \frac{\pi}{6} \end{aligned}$$

第13章　演習問題

1. 次の不定積分を求めよ.

(1) $\displaystyle\int (x+2)\sqrt{x-1}\,dx$

(2) $\displaystyle\int \frac{\sqrt{x-1}}{x}\,dx$

2. 次の不定積分を求めよ.

(1) $\displaystyle\int \sqrt{x^2+3}\,dx$

(2) $\displaystyle\int \frac{1}{\sqrt{x^2+x+1}}\,dx$

解説動画 →

14　偏微分

この章では2変数関数 $f(x,y)$ の「偏微分」の定義と計算法を理解するのが目標である．

14.1　偏微分の定義

たとえば x, y を変数とする関数

$$f(x,y) = x^5 + x^3y^2 + y^4$$

の y を定数とみて x で微分すると

$$5x^4 + 3x^2y^2$$

となり，同じ関数を，今度は x を定数とみて y で微分すると

$$2x^3y + 4y^3$$

となる．このように

「指定された変数以外の変数は定数とみて微分する」

ことを「偏微分する」という．したがって最初の例は $f(x,y)$ を x で偏微分したのであり，次の例は $f(x,y)$ を y で偏微分したことになる．そして

「関数 $f(x,y)$ を x で偏微分したもの」$= \dfrac{\partial f}{\partial x}$，または，$f_x$

「関数 $f(x,y)$ を y で偏微分したもの」$= \dfrac{\partial f}{\partial y}$，または，$f_y$

と表す．したがって上の2つの計算は

$$\frac{\partial f}{\partial x} = f_x = 5x^4 + 3x^2y^2$$
$$\frac{\partial f}{\partial y} = f_y = 2x^3y + 4y^3$$

と表すことができる．

14.2 高階の偏微分

高階の偏微分は次のように表される．2 変数関数 $f(x,y)$ に対して

$$「x \text{ で 2 回偏微分したもの}」= \frac{\partial^2 f}{\partial x^2}, \text{ または，} f_{xx}$$

$$「y \text{ で 2 回偏微分したもの}」= \frac{\partial^2 f}{\partial y^2}, \text{ または，} f_{yy}$$

$$「x \text{ で 1 回偏微分，} y \text{ で 1 回偏微分したもの}」= \frac{\partial^2 f}{\partial x \partial y}, \text{ または，} f_{xy}$$

と表す．さらに

$$「x \text{ で } m \text{ 回偏微分，} y \text{ で } n \text{ 回偏微分したもの}」= \frac{\partial^{m+n} f}{\partial x^m \partial y^n}$$

と表す．

例題 1．$f(x,y) = 2x^3 - 3x^2y^2 + 4y^5$ のとき，$\dfrac{\partial f}{\partial x}, \dfrac{\partial f}{\partial y}, \dfrac{\partial^2 f}{\partial x^2}, \dfrac{\partial^2 f}{\partial x \partial y}, \dfrac{\partial^2 f}{\partial y^2}$ を求めよ．

解 それぞれ定義にしたがって計算すればよい：

$$\begin{aligned}
\frac{\partial f}{\partial x} &= 6x^2 - 6xy^2 \\
\frac{\partial f}{\partial y} &= -6x^2y + 20y^4 \\
\frac{\partial^2 f}{\partial x^2} &= 12x - 6y^2 \\
\frac{\partial^2 f}{\partial x \partial y} &= -12xy \\
\frac{\partial^2 f}{\partial y^2} &= -6x^2 + 80y^3
\end{aligned}$$

□

例題 2．$f(x,y) = x^2 - y^2$ のとき，$\dfrac{\partial^2 f}{\partial x^2} + \dfrac{\partial^2 f}{\partial y^2}$ を求めよ．

解 $\dfrac{\partial f}{\partial x} = 2x, \dfrac{\partial^2 f}{\partial x^2} = 2, \dfrac{\partial f}{\partial y} = -2y, \dfrac{\partial^2 f}{\partial y^2} = -2$ であるから

$$\frac{\partial^2 f}{\partial x^2} + \frac{\partial^2 f}{\partial y^2} = 2 - 2 = 0.$$

□

例題 3. $f(x,y)=e^x\cos y$ のとき $\dfrac{\partial^2 f}{\partial x^2}+\dfrac{\partial^2 f}{\partial y^2}$ を求めよ.

解 $\dfrac{\partial f}{\partial x}=e^x\cos y, \dfrac{\partial^2 f}{\partial x^2}=e^x\cos y, \dfrac{\partial f}{\partial y}=-e^x\sin y, \dfrac{\partial^2 f}{\partial y^2}=-e^x\cos y$ であるから

$$\frac{\partial^2 f}{\partial x^2}+\frac{\partial^2 f}{\partial y^2}=e^x\cos y-e^x\cos y=0.$$

□

注意. 例題 2, 例題 3 のように, $\dfrac{\partial^2 f}{\partial x^2}+\dfrac{\partial^2 f}{\partial y^2}=0$ となるような関数 $f(x,y)$ のことを「調和関数」という.

第14章　演習問題

1. 次の関数 $f(x,y)$ について，$f_x, f_y, f_{xx}, f_{xy}, f_{yy}$ を求めよ．

(1) $f(x,y) = x^2y^3$

(2) $f(x,y) = 2x^3 - 3xy^2 - 4y^2$

(3) $f(x,y) = \sin(3x+4y)$

(4) $f(x,y) = e^{x^2+y^2}$

2. 関数 $f(x,y,z) = (x-y)(x-z)(y-z)$ について次の問に答えよ．

(1) f_x, f_y, f_z を求めよ．

(2) $f_x + f_y + f_z$ を求めよ．

解説動画 →

15　接平面

この章ではいろいろな曲面の接平面の求めかたを述べる.

15.1　2 変数関数のグラフの接平面

定理 15.1
関数 $z=f(x,y)$ のグラフの $(x,y)=(a,b)$ における接平面の方程式は

$$z=f(a,b)+f_x(a,b)(x-a)+f_y(a,b)(y-b) \tag{15.1}$$

で与えられる.

例題 1. $z=f(x,y)=x^2+y^2$ の $(x,y)=(2,3)$ における接平面を求めよ.

解　f_x, f_y を求めて公式 (15.1) を用いればよい.

$$f_x=2x, f_y=2y$$

であるから

$$f(2,3)=2^2+3^2=13, f_x(2,3)=2\cdot 2=4, f_y(2,3)=2\cdot 3=6.$$

したがって，求める接平面の方程式は

$$\begin{aligned} z &= f(2,3)+f_x(2,3)(x-2)+f_y(2,3)(y-3) \\ &= 13+4(x-2)+6(y-3) \\ &= 4x+6y-13 \end{aligned}$$

15.2　曲線 $f(x,y)=0$ の接線

2 変数関数 $f(x,y)$ に対して，xy-平面上で $f(x,y)=0$ で定義される曲線上の点 $(x,y)=(a,b)$ での接線は，定理 15.1 を利用して求めることができる．すなわち

曲面 $z=f(x,y)$ の $(x,y)=(a,b)$ での接平面と
平面 $z=0$ との交わりが，求める接線である.

したがって次の公式が得られる：

定理 15.2
$f(x,y)=0$ で定義される曲線上の点 $(x,y)=(a,b)$ における接線の方程式は

$$f_x(a,b)(x-a)+f_y(a,b)(y-b)=0 \tag{15.2}$$

で与えられる.

例題 2. $f(x,y)=x^2+y^2-1=0$ の上の点 $(x,y)=(a,b)$ における接線を求めよ.

解　$f_x=2x, f_y=2y$ であるから公式 (15.2) より，接線の方程式は

$$2a(x-a)+2b(y-b)=0$$

すなわち

$$ax+by=a^2+b^2$$

である. ところが点 (a,b) はこの曲線上の点であるから $a^2+b^2=1$ をみたしており，この式の右辺は 1 に等しい. したがって求める接線の方程式は

$$ax+by=1$$

となる. □

15.3　曲面 $f(x,y,z)=0$ の接平面

3 変数関数 $f(x,y,z)$ に対して，xyz-空間内で $f(x,y,z)=0$ で定義される曲面上の点 $(x,y,z)=(a,b,c)$ での接平面は，定理 15.2 を自然に一般化して次のように求めることができる：

定理 15.3
$f(x,y,z)=0$ で定義される曲面上の点 $(x,y,z)=(a,b,c)$ における接平面の方程式は

$$f_x(a,b,c)(x-a)+f_y(a,b,c)(y-b)+f_z(a,b,c)(z-c)=0 \tag{15.3}$$

で与えられる.

例題 3. 曲面 $f(x,y,z) = 4x^4 + 3x^2y + 2y^2 - xyz^2 = 0$ の上の点 $(x,y,z) = (1,2,3)$ における接平面を求めよ.

解 $f_x = 16x^3 + 6xy - yz^2, f_y = 3x^2 + 4y - xz^2, f_z = -2xyz$ であるから

$$f_x(1,2,3) = 10, f_y(1,2,3) = 2, f_z(1,2,3) = -12$$

である. したがって公式 (15.3) より, 接平面の方程式は

$$10(x-1) + 2(y-2) - 12(z-3) = 0$$

すなわち

$$5x + y - 6z = -11$$

である. □

第15章　演習問題

1. 次の2変数関数のグラフの与えられた点における接平面を求めよ.

(1)　$z = f(x, y) = x^2 - y^2$ ，点 $(x, y) = (2, 1)$

(2)　$z = f(x, y) = x^3 - 3xy + y^2 + 2x - 5y$, 点 $(x, y) = (-2, 3)$

2. 次の曲線の与えられた点における接線を求めよ.

(1)　$f(x, y) = x^2 - y^2 - 5 = 0$ ，点 $(x, y) = (3, 2)$

(2)　$f(x, y) = ax^2 + by^2 - c = 0$, 点 $(x, y) = (x_0, y_0)$

3. 次の曲面の与えられた点における接平面を求めよ.

(1)　$f(x, y, z) = x^2 + y^2 + z^2 - 1 = 0$ ，点 $(x, y, z) = (a, b, c)$

(2)　$f(x, y, z) = x^2y + y^2z + z^2x - 25 = 0$, 点 $(x, y, z) = (3, 2, 1)$

解説動画 →

16　2 変数関数の極大・極小

この章では 2 変数関数の極大値，極小値の求め方を述べる．

16.1　2 変数関数の極値

関数 $z = f(x, y)$ の点 $(x, y) = (a, b)$ での接平面の方程式は，前章でみたように

$$z = f(a, b) + f_x(a, b)(x - a) + f_y(a, b)(y - b)$$

であった．一方，この関数が極大あるいは極小となる点では，そこでの接平面が xy-平面と平行になるはずであり，その方程式が $z =$ (定数) の形でなければならない．したがって次の定理が得られる：

定理 16.1
関数 $z = f(x, y)$ が $(x, y) = (a, b)$ において極値をとるならば

$$f_x(a, b) = 0, f_y(a, b) = 0$$

が成り立つ．

16.2　2 変数関数の極大・極小の判定

定理 16.1 を用いて求めた極値の候補の中から，実際に極大，極小となる点をさがすためには，「ヘッセ行列」と呼ばれる次の行列 H_f が重要な役割を果たす：

定義 16.2
関数 $f(x, y)$ の点 $(x, y) = (a, b)$ におけるヘッセ行列とは

$$H_f(a, b) = \begin{pmatrix} f_{xx}(a, b) & f_{xy}(a, b) \\ f_{xy}(a, b) & f_{yy}(a, b) \end{pmatrix}$$

によって定義される行列のことである．

そして，次の定理によって極大，極小を判定することができる：

定理 16.3
関数 $z = f(x, y)$ が $(x, y) = (a, b)$ において

$$f_x(a, b) = 0, f_y(a, b) = 0$$

をみたしているとき，
(++) $\det H_f(a, b) > 0, f_{xx}(a, b) > 0 \Rightarrow (x, y) = (a, b)$ において極小，
(+−) $\det H_f(a, b) > 0, f_{xx}(a, b) < 0 \Rightarrow (x, y) = (a, b)$ において極大，
(−) $\det H_f(a, b) < 0 \Rightarrow (x, y) = (a, b)$ において鞍点，
(0) $\det H_f(a, b) = 0 \Rightarrow$ 極大か極小かは判定できない．

次の 2 つの典型的な例を通して，この定理を理解しよう．

例 1．$z = f(x, y) = x^2 + y^2$ の場合．グラフは下図のようになる．その形状から「回転放物面」と呼ばれており，下に凸な放物線を z 軸のまわりに回転させた曲面である．

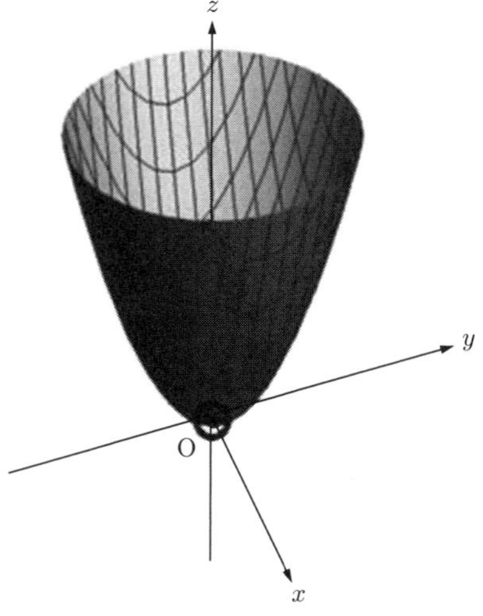

図 16.1　$z = x^2 + y^2$ のグラフ

図 16.1 から $(x, y) = (0, 0)$ において極小となることが見て取れる．そこを定理 16.3 を用いて確かめてみよう．まず $f_x = 2x, f_y = 2y$ だから，$f_x = 0, f_y = 0$ となるのは $(x, y) = (0, 0)$ のときだけである．そして

$f_{xx} = 2, f_{xy} = 0, f_{yy} = 2$ だから，点 (a, b) におけるヘッセ行列は

$$H_f(a, b) = \begin{pmatrix} 2 & 0 \\ 0 & 2 \end{pmatrix}$$

となって，a, b に依存しない定数行列である．したがって

$$\det H_f(0, 0) = 2 \cdot 2 - 0 \cdot 0 = 4 > 0,$$
$$f_{xx}(0, 0) = 2 > 0$$

となるから，定理 16.3 の (++) の場合に当たり，関数 $z = x^2 + y^2$ は $(x, y) = (0, 0)$ で極小値 0 をとることが確認できた．

例 2．$z = f(x, y) = -x^2 - y^2$ の場合．グラフは図 16.2 のようになる．これも「回転放物面」であるが，こちらは上に凸な放物線を z 軸のまわりに回転させた曲面である．

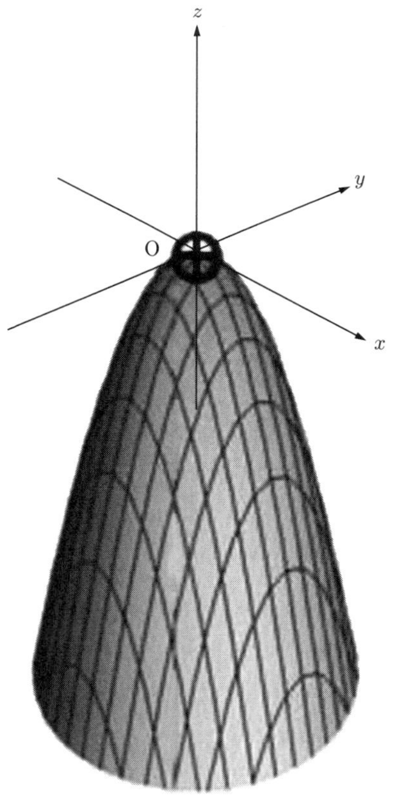

図 16.2　$z = -x^2 - y^2$ のグラフ

図 16.2 から $(x,y)=(0,0)$ において極大となることが見て取れる．そこを定理 16.3 を用いて確かめてみよう．まず $f_x=-2x, f_y=-2y$ だから，$f_x=0, f_y=0$ となるのは $(x,y)=(0,0)$ のときだけである．そして $f_{xx}=-2, f_{xy}=0, f_{yy}=-2$ だから，点 (a,b) におけるヘッセ行列は

$$H_f(a,b)=\begin{pmatrix}-2 & 0\\ 0 & -2\end{pmatrix}$$

したがって

$$\begin{aligned}\det H_f(0,0)&=(-2)\cdot(-2)-0\cdot 0=4>0,\\ f_{xx}(0,0)&=-2<0\end{aligned}$$

となるから，定理 16.3 の $(+-)$ の場合に当たり，関数 $z=-x^2-y^2$ は $(x,y)=(0,0)$ で極大値 0 をとることが確認できた.

では例題をやってみよう.

例題 1．$f(x,y)=2x^2+2y^2-x^4-y^4$ の極大値，極小値を求めよ．

解　1 回偏微分して

$$\begin{aligned}f_x&=4x-4x^3=-4x(x-1)(x+1)=0,\\ f_y&=4y-4y^3=-4y(y-1)(y+1)=0\end{aligned}$$

より，$x=0,\pm1, y=0,\pm1$. したがって極値をとる点の候補は

$$\begin{aligned}(x,y)=&(0,0),\\ &(\pm1,0),(0,\pm1),\\ &(1,1),(-1,1),(1,-1),(-1,-1)\end{aligned}$$

であるが，もとの関数の対称性より，

$$(x,y)=(0,0),(1,0),(1,1)$$

の 3 点のみ調べればよい．一方ヘッセ行列は

$$\begin{aligned}H_f(x,y)&=\begin{pmatrix}f_{xx} & f_{xy}\\ f_{xy} & f_{yy}\end{pmatrix}\\ &=\begin{pmatrix}4-12x^2 & 0\\ 0 & 4-12y^2\end{pmatrix}\end{aligned}$$

であるから，上の 3 点ではそれぞれ次のようになる：

$$1)\ H_f(0,0) = \begin{pmatrix} 4 & 0 \\ 0 & 4 \end{pmatrix},$$

$$2)\ H_f(1,0) = \begin{pmatrix} -8 & 0 \\ 0 & 4 \end{pmatrix},$$

$$3)\ H_f(1,1) = \begin{pmatrix} -8 & 0 \\ 0 & -8 \end{pmatrix}.$$

そして定理 16,3 より

1) の場合，$\det H_f(0,0) = 16 > 0, f_{xx}(0,0) = 4 > 0$ だから極小,
2) の場合，$\det H_f(1,0) = -32 < 0$ だから鞍点,
3) の場合，$\det H_f(1,1) = 64 > 0, f_{xx}(1,1) = -8 < 0$ だから極大,

となることがわかるから，以上をまとめて次のようになる：

関数 $f(x,y) = 2x^2 + 2y^2 - x^4 - y^4$ は
$(x,y) = (0,0)$ において極小値 0,
$(x,y) = (1,1), (-1,1), (1,-1), (-1,-1)$ において極大値 2 をとり,
$(x,y) = (\pm 1, 0), (0, \pm 1)$ において鞍点となる. □

この関数 $z = 2x^2 + 2y^2 - x^4 - y^4$ のグラフは図 16.3 のようになる．ただし

極大点には $\oplus$,
極小点には $\ominus$,
鞍点には $\odot$,

が記してある.

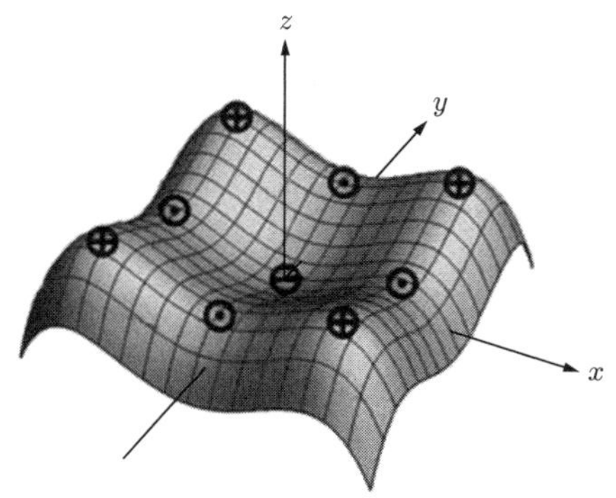

図 16.3　$z = 2x^2 + 2y^2 - x^4 - y^4$ のグラフと極値

第 16 章　演習問題

1. 次の関数 $f(x,y)$ の極大値，極小値を求めよ．

(1)　$f(x,y) = x^3 - y^3 + 3x^2 + 3y$

(2)　$f(x,y) = \cos x + \cos y$

(3)　$f(x,y) = x^4 + y^4 - 4xy$

2. 定数 a, b, c に対して関数 $f(x,y) = ax^2 + bxy + cy^2$ は原点において極大，極小となるかどうかを判定せよ．

解説動画 →

17　合成関数の偏微分

2 変数関数 $f(x, y)$ の x, y がさらに別の変数の関数になっているとき，合成した関数の偏微分の求め方を述べる．

17.1　合成関数の偏微分 I

関数 $f(x, y)$ の x, y が変数 t の関数のとき，すなわち

$$\begin{cases} x = x(t) \\ y = y(t) \end{cases}$$

と表されているとき，$f(x(t), y(t))$ を t で微分する公式は次のようになる：

定理 17.1

$$f_t = f_x x_t + f_y y_t$$

注意．この定理は，2 変数のテイラー展開から自然に導くことができる．それについては 17.3 節で述べる．

17.2　合成関数の偏微分 II

関数 $f(x, y)$ の x, y がそれぞれ変数 s, t の関数のとき，すなわち

$$\begin{cases} x = x(s, t) \\ y = y(s, t) \end{cases}$$

と表されているとき，$f(x(s, t), y(s, t))$ を s で偏微分すると，定理 17.1 より

$$f_s = f_x x_s + f_y y_s$$

となり，一方 t で偏微分すると，定理 17.1 より

$$f_t = f_x x_t + f_y y_t$$

となる．したがってこれらをまとめて行列で表すと

$$\begin{pmatrix} f_s & f_t \end{pmatrix} = \begin{pmatrix} f_x & f_y \end{pmatrix} \begin{pmatrix} x_s & x_t \\ y_s & y_t \end{pmatrix}$$

と書くことができる．この右辺に現れる行列はのちに重積分の変数変換公式にも現れる重要な行列である．

例題 1. $f(x,y) = x^2 - xy + y^2, x = \cos t, y = \sin t$ のとき f_t を求めよ．

解　定理 17.1 を用いて次のように計算できる：

$$
\begin{aligned}
f_t &= f_x x_t + f_y y_t \\
&= (2x - y) \cdot (-\sin t) + (-x + 2y) \cdot \cos t \\
&= (2\cos t - \sin t) \cdot (-\sin t) + (-\cos t + 2\sin t) \cdot \cos t \\
&= -2\cos t \sin t + \sin^2 t - \cos^2 t + 2\sin t \cos t \\
&= \sin^2 t - \cos^2 t
\end{aligned}
$$

□

例題 2. $f(x,y) = x^2 + y^2, x = r\cos\theta, y = r\sin\theta$ のとき f_r, f_θ を求めよ．

解　定理 17.1 を用いて次のように計算できる：

$$
\begin{aligned}
f_r &= f_x x_r + f_y y_r \\
&= 2x \cdot \cos\theta + 2y \cdot \sin\theta \\
&= 2r\cos\theta \cdot \cos\theta + 2r\sin\theta \cdot \sin\theta \\
&= 2r(\cos^2\theta + \sin^2\theta) \\
&= 2r \\
f_\theta &= f_x x_\theta + f_y y_\theta \\
&= 2x \cdot (-r\sin\theta) + 2y \cdot (r\cos\theta) \\
&= 2r\cos\theta \cdot (-r\sin\theta) + 2r\sin\theta \cdot (r\cos\theta) \\
&= 2r^2(-\cos\theta\sin\theta + \sin\theta\cos\theta) \\
&= 0
\end{aligned}
$$

□

17.3　2 変数関数のテイラー展開

例えば $f(x,y) = x^3y^2$ という単項式を，x，y で何回も偏微分するとどのような式になるか，ということを観察してみよう．

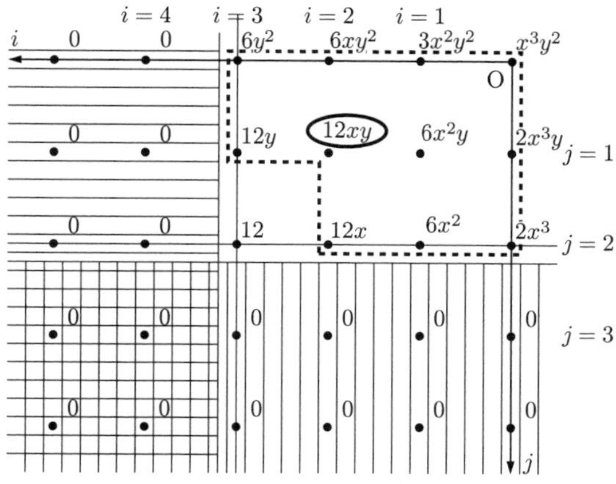

図 17.1 x^3y^2 の高階偏微分

この図において,「i」は x で偏微分した回数,「j」は y で偏微分した回数を表す. したがって, 丸で囲んだ「$12xy$」は,「x^3y^2 を x で 2 回, y で 1 回偏微分した結果」を表している. この図から次の大事な特徴がわかる:

(1) x で 4 回以上偏微分すると 0 になる $\Leftarrow$ 図の横線部
(2) y で 3 回以上偏微分すると 0 になる $\Leftarrow$ 図の縦線部
(3) x で i 回, y で j 回 (ただし $0 \leq i \leq 3$, $0 \leq j \leq 2$ で $(i,j) \neq (3,2)$) 偏微分したものに $(x,y)=(0,0)$ を代入すると 0 になる
$\Leftarrow$ 図の点線で囲まれた部分

したがって次の命題が得られた:

命題 17.2
$f(x,y)=x^3y^2$ とすると, その高階偏微分について

$$\frac{\partial^{i+j} f}{\partial x^i \partial y^j}(0,0) = \begin{cases} 3! \cdot 2!, & (i,j)=(3,2) \text{ のとき} \\ 0, & (i,j) \neq (3,2) \text{ のとき} \end{cases}$$

図 17.1 の横線部にも縦線部にも, 点線で囲まれた部分にも入っていない唯一の地点の「12」が, この「$3! \cdot 2!$」なのである.

ここまでは, 単項式 x^3y^2 を例として取り上げて考えてきたが, 任意の単項式 x^my^n $(m,n \geq 0)$ に対しても同様に考えれば, 次の命題も得られる:

命題 17.3
0 以上の任意の整数 m, n に対して $f(x, y) = x^m y^n$ とすると，その高階偏微分について

$$\frac{\partial^{i+j} f}{\partial x^i \partial y^j}(0,0) = \begin{cases} m!n!, & (i,j) = (m,n) \text{ のとき} \\ 0, & (i,j) \neq (m,n) \text{ のとき} \end{cases}$$

この命題から，次の定理が得られる：

定理 17.4 (2 変数関数の $(x, y) = (0, 0)$ におけるテイラー展開)
2 変数関数 $f(x, y)$ が

$$\begin{aligned} f(x,y) &= a_{00} + a_{10}x + a_{01}y + a_{20}x^2 + a_{11}xy + a_{02}y^2 + \cdots \\ &= \sum_{m=0}^{\infty} \sum_{n=0}^{\infty} a_{mn} x^m y^n \end{aligned}$$

と表されているとき，その係数に関して，等式

$$m!n!a_{mn} = \frac{\partial^{m+n} f}{\partial x^m \partial y^n}(0,0)$$

が成り立つ．したがって

$$f(x,y) = \sum_{m=0}^{\infty} \sum_{n=0}^{\infty} \frac{f^{(m,n)}(0,0)}{m!n!} x^m y^n \tag{17.1}$$

と表される．ただし，この右辺の「$f^{(m,n)}$」という記号は

$$f^{(m,n)}(x,y) = \frac{\partial^{m+n} f(x,y)}{\partial x^m \partial y^n}$$

という意味である．

さらに，$(x, y) = (a, b)$ におけるテイラー展開は次のようになる：

定理 17.5 (2 変数関数の $(x, y) = (a, b)$ におけるテイラー展開)
2 変数関数 $f(x, y)$ に対して等式

$$f(x,y) = \sum_{m=0}^{\infty} \sum_{n=0}^{\infty} \frac{f^{(m,n)}(a,b)}{m!n!} (x-a)^m (y-b)^n \tag{17.2}$$

が成り立つ．

その証明は，定理 17.4 の解説において，$(0,0)$ を (a,b) で置き換え，x を $x-a$，y を $y-b$ で置き換えればよい．

17.4　定理 17.1 の導出

テイラー展開を用いると，合成関数の偏微分の公式（定理 17.1）が簡単に導かれる，ということを解説する．

2 変数関数 $f(x,y)$ の $(x,y)=(0,0)$ におけるテイラー展開は

$$\begin{aligned} f(x,y) = f(0,0) &+ f_x(0,0)x + f_y(0,0)y \\ &+f_{xx}(0,0)\frac{x^2}{2!} + f_{xy}(0,0)xy + f_{yy}(0,0)\frac{y^2}{2!} \\ &+(3\text{ 次以上の部分}) \end{aligned} \tag{17.3}$$

という等式であった．そこで，x,y がどちらも t の関数で

$$x=x(t), y=y(t)$$

と表されており，しかも，それらの $t=t_0$ での値が

$$x(t_0)=0, y(t_0)=0 \tag{17.4}$$

である場合を考えよう．式 (17.3) に $x=x(t), y=y(t)$ を代入すると

$$\begin{aligned} &f(x(t),y(t)) \\ &= f(0,0) + f_x(0,0)x(t) + f_y(0,0)y(t) \\ &\qquad +f_{xx}(0,0)\frac{x(t)^2}{2!} + f_{xy}(0,0)x(t)y(t) + f_{yy}(0,0)\frac{y(t)^2}{2!} \\ &\qquad +(3\text{ 次以上の部分}) \end{aligned}$$

となる．ここで見やすいように，左辺を $F(t)$ とおいて，両辺を t で微分すると

$$\begin{aligned} &F'(t) \\ &= f_x(0,0)x'(t) + f_y(0,0)y'(t) \\ &\qquad +f_{xx}(0,0)x(t)x'(t) + f_{xy}(0,0)(x'(t)y(t)+x(t)y'(t)) \\ &\qquad\quad +f_{yy}(0,0)y(t)y'(t) \\ &\qquad +\frac{d}{dt}(3\text{ 次以上の部分}) \end{aligned}$$

ここで，右辺の第 3 項以降は必ず $x(t)$ か $y(t)$ を含むから，$t=t_0$ とおくと仮定 (17.4) によって，すべて 0 になる．したがって

$$f_t(t_0) = f_x(0,0)x_t(t_0) + f_y(0,0)y_t(t_0)$$

という等式になり，条件 (17.4) を考慮すればこれは

$$f_t(t_0) = f_x(x(t_0), y(t_0))x_t(t_0) + f_y(x(t_0), y(t_0))y_t(t_0) \tag{17.5}$$

と表される．そして，以上の議論を $(x, y) = (a, b)$ におけるテイラー展開を用いて，$x(t_0) = a, y(t_0) = b$ として繰り返せば，やはり (17.5) と同じく

$$f_t(t_0) = f_x(x(t_0), y(t_0))x_t(t_0) + f_y(x(t_0), y(t_0))y_t(t_0) \tag{17.6}$$

という等式が導かれる．したがってこの等式 (17.6) は任意の t_0 に対して成り立つことがわかったから，t_0 を変数 t で置き換えれば

$$f_t = f_x x_t + f_y y_t$$

となり，定理 17.1 の証明が完成する．

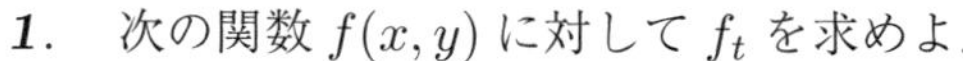

第 17 章　演習問題

1. 次の関数 $f(x, y)$ に対して f_t を求めよ.

(1)　$f(x, y) = x^3 + y^3, x = \cos t, y = \sin t$

(2)　$f(x, y) = \sin x + \cos y, x = t^2, y = t^3$

2. 次の関数 $f(x, y)$ に対して f_r, f_θ を求めよ.

(1)　$f(x, y) = x^2 - y^2, x = r\cos\theta, y = r\sin\theta$

(2)　$f(x, y) = xy, x = r\cos\theta, y = r\sin\theta$

解説動画 →

18　重積分 I

2 変数関数 $f(x,y)$ を x,y で積分する「重積分」の定義と計算法を述べる．

18.1　重積分の定義

関数 $z=f(x,y)$ が xy 平面の領域 D でつねに正であるとき，この関数のグラフの D の上にある立体の体積を

$$\iint_D f(x,y)dxdy$$

と表し，$f(x,y)$ の D における 2 重積分，あるいは単に重積分という．

18.2　計算法：D が長方形の場合

定理 18.1
$D=\{(x,y); x_1\le x\le x_2, y_1\le y\le y_2\}$ のとき

$$\begin{aligned}\iint_D f(x,y)dxdy &= \int_{y_1}^{y_2}\left(\int_{x_1}^{x_2} f(x,y)dx\right)dy \\ &= \int_{x_1}^{x_2}\left(\int_{y_1}^{y_2} f(x,y)dy\right)dx\end{aligned}$$

注意．このように x について積分してから y で積分してもよいし，y で積分してから x で積分してもよい．

例題 1．$f(x,y)=x^2+2xy+3y^2, D=\{(x,y); 0\le x\le 1, 0\le y\le 2\}$ のとき $\displaystyle\iint_D f(x,y)dxdy$ を求めよ．

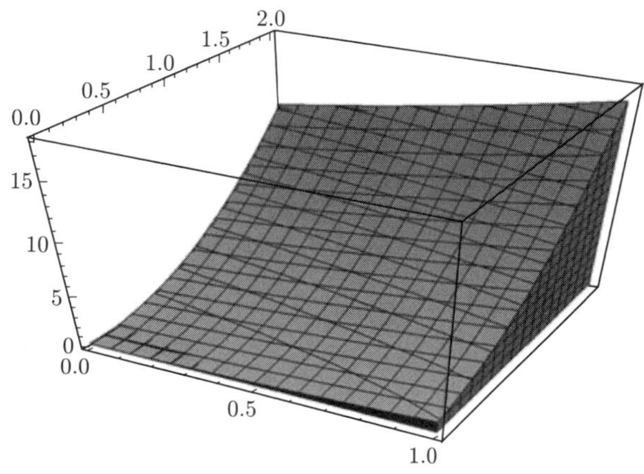

図 18.1　例題 1 の積分領域と立体

解　まず x について積分し，その結果を y について積分すれば次のようになる：

$$\begin{aligned}\iint_D f(x,y)dxdy &= \int_0^2 \left(\int_0^1 (x^2+2xy+3y^2)dx\right)dy \\ &= \int_0^2 \left[\frac{x^3}{3}+x^2y+3xy^2\right]_{x=0}^{x=1} dy \\ &= \int_0^2 \left(\frac{1}{3}+y+3y^2\right)dy \\ &= \left[\frac{y}{3}+\frac{y^2}{2}+y^3\right]_0^2 \\ &= \frac{32}{3}\end{aligned}$$

□

18.3　計算法：*D* が一般の場合

定理 18.2

(1) $D=\{(x,y); x_1 \le x \le x_2, y_1(x) \le y \le y_2(x)\}$ のとき

$$\iint_D f(x,y)dxdy = \int_{x_1}^{x_2} \left(\int_{y_1(x)}^{y_2(x)} f(x,y)dy\right)dx$$

(2) $D = \{(x, y); x_1(y) \leq x \leq x_2(y), y_1 \leq y \leq y_2\}$ のとき

$$\iint_D f(x, y)dxdy = \int_{y_1}^{y_2} \left(\int_{x_1(y)}^{x_2(y)} f(x, y)dx \right) dy$$

定理 18.2 の (1) は，図 18.2 のように

y 軸に平行な切り口が与えられている場合 $\cdots$「y 型」

であり，定理 18.2 の (2) は，図 18.3 のように

x 軸に平行な切り口が与えられている場合 $\cdots$「x 型」

である．そしてそれぞれの重積分は

「y 型」$\Rightarrow$「先に y で積分」

「x 型」$\Rightarrow$「先に x で積分」

すればよい，というのが定理の内容である．

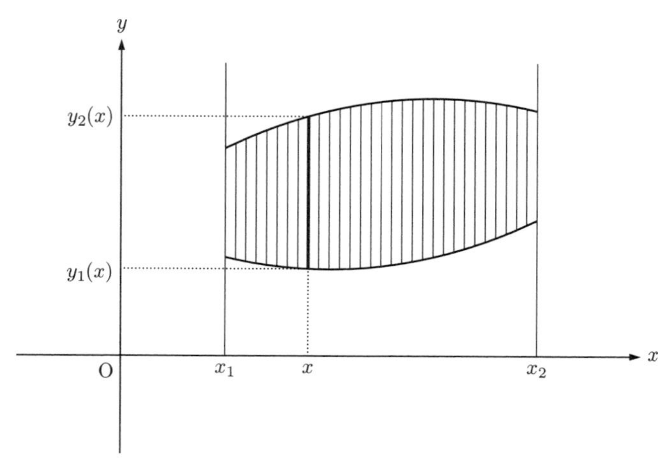

図 18.2 y 型の場合

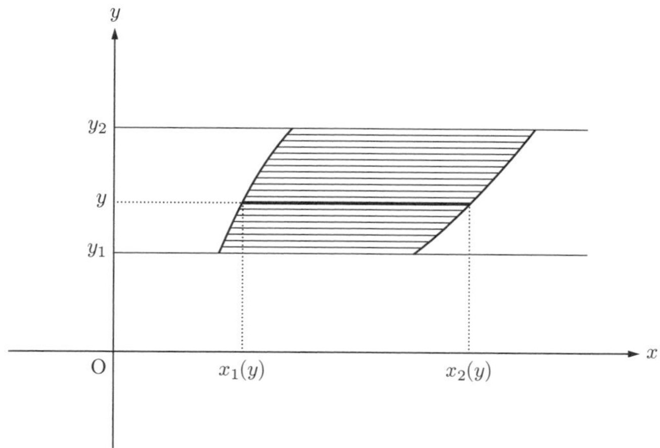

図 **18.3**　x 型の場合

例題 2. $f(x, y) = x^2 + 2y, D = \{(x, y); -1 \leq x \leq 1, 0 \leq y \leq x + 1\}$ のとき $\displaystyle\iint_D f(x, y)dxdy$ を求めよ.

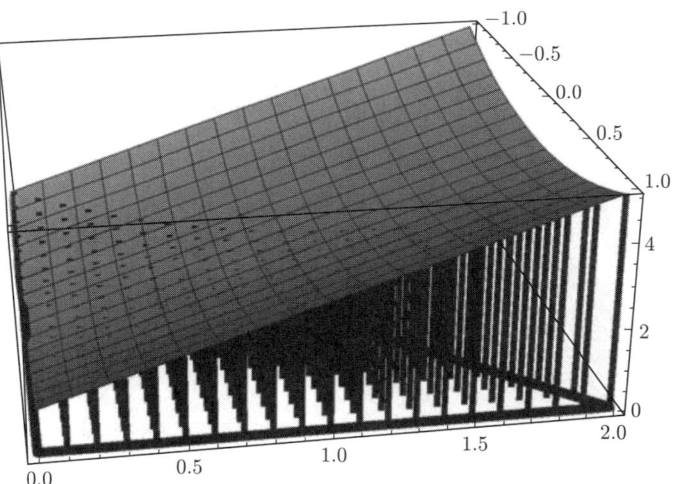

図 **18.4**　例題 **2** の積分領域と立体

解 定理 18.2 の (1) を使って次のように計算する:

$$\begin{aligned}\iint_D (x^2+2y)dxdy &= \int_{-1}^{1}\left(\int_0^{x+1}(x^2+2y)dy\right)dx \\ &= \int_{-1}^{1}\left[x^2y+y^2\right]_{y=0}^{y=x+1}dx \\ &= \int_{-1}^{1}\left(x^2(x+1)+(x+1)^2\right)dx \\ &= \int_{-1}^{1}\left(x^3+2x^2+2x+1\right)dx \\ &= \left[\frac{x^4}{4}+\frac{2x^3}{3}+x^2+x\right]_{-1}^{1} \\ &= \frac{10}{3}\end{aligned}$$

□

例題 3. $f(x,y)=\sin x+y, D=\{(x,y);0\le x\le \pi-y, 0\le y\le \pi\}$ のとき $\iint_D f(x,y)dxdy$ を求めよ.

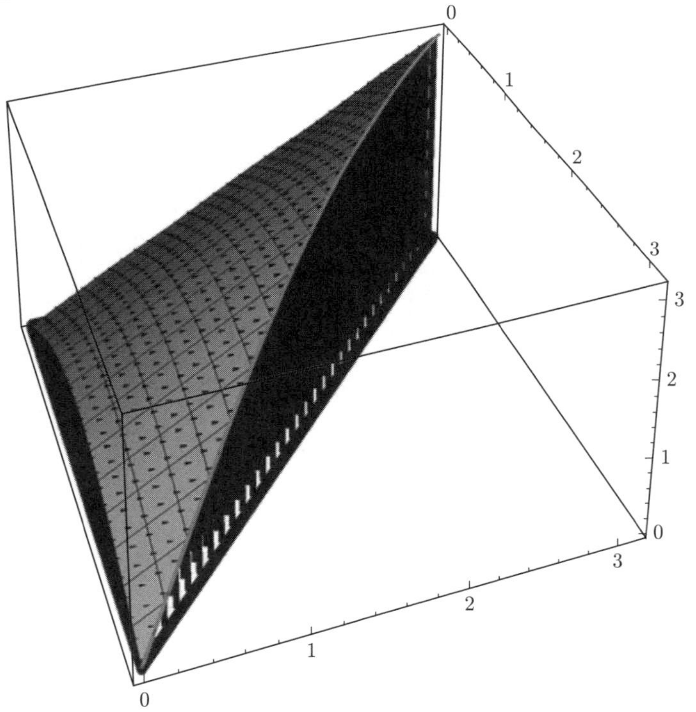

図 18.5 例題 3 の積分領域と立体

解 定理 18.2 の (2) を使って次のように計算する:

$$
\begin{aligned}
\iint_D (\sin x + y)dxdy &= \int_0^{\pi} \left(\int_0^{\pi - y} (\sin x + y) dx \right) dy \\
&= \int_0^{\pi} \Big[-\cos x + xy \Big]_{x=0}^{x=\pi - y} dy \\
&= \int_0^{\pi} \left(-\cos(\pi - y) + (\pi - y)y - (-1) \right) dy \\
&= \int_0^{\pi} \left(\cos y + \pi y - y^2 + 1 \right) dy \\
&= \left[\sin y + \frac{\pi y^2}{2} - \frac{y^3}{3} + y \right]_0^{\pi} \\
&= \frac{\pi^3}{6} + \pi
\end{aligned}
$$

第 18 章　演習問題

1. 次の関数 $f(x,y)$ と領域 D に対して，重積分 $\displaystyle\iint_D f(x,y)dxdy$ を求めよ．

(1) $f(x,y)=xy, D=\{(x,y);1\leq x\leq 2, 3\leq y\leq 4\}$

(2) $f(x,y)=2-x-y, D=\{(x,y);x\geq 0, y\geq 0, x+y\leq 2\}$

(3) $f(x,y)=\sqrt{x}y, D=\{(x,y);0\leq x\leq 1, x^2\leq y\leq 1\}$

(4) $f(x,y)=\sin y, D=\{(x,y);\cos y\leq x\leq 1, 0\leq y\leq \dfrac{\pi}{2}\}$

解説動画 →

19　重積分 II

2 変数関数 $f(x,y)$ の重積分を，積分の順序を交換して計算する方法を述べる．

19.1　領域の型：x 型と y 型

前章の定理 18.2 で，二つの型の重積分の計算法を述べた．定理 18.2 (1) は領域が

$$(1)\ \ D=\{(x,y);x_1\le x\le x_2, y_1(x)\le y\le y_2(x)\}$$

のように与えられている場合であり，図示すると

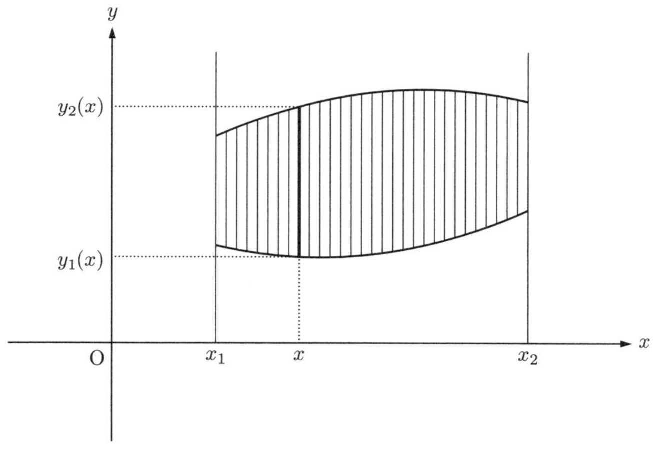

図 19.1　y 型の場合

という形である．つまり，それぞれの $x\in[x_1,x_2]$ に対して，y が

$$y_1(x)\le y\le y_2(x)$$

をみたしていて，図 19.1 のように

y 軸に平行な切り口が与えられている

ので，「y 型」と呼んだ．

一方定理 18.2 (2) は領域が

$$(2)\ \ D=\{(x,y);x_1(y)\le x\le x_2(y), y_1\le y\le y_2\}$$

のように与えられている場合であり，図示すると

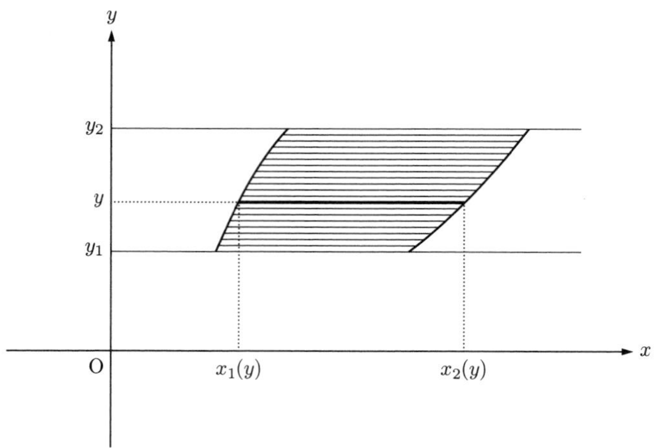

図 19.2　x 型の場合

という形である．つまり，それぞれの $y \in [y_1, y_2]$ に対して，x が

$$x_1(y) \leq x \leq x_2(y)$$

をみたしていて，図 19.2 のように

x 軸に平行な切り口が与えられている

ので，「x 型」と呼んだ．

しかし，領域の形によっては，x 型，y 型の二通りに表すことができる場合がある．そこを次節で説明する．

19.2　両型の領域

図 19.3 の領域 D_1 は次のように定義されている：

$$D_1 = \{(x, y) | x \geq 0, y \geq 0, x + y \leq 1\}$$

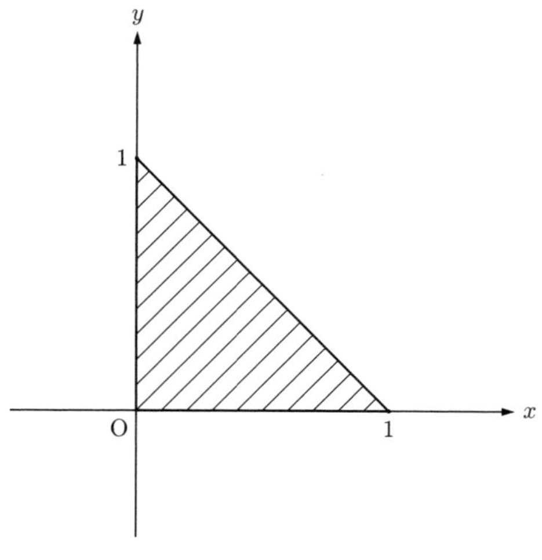

図 19.3　領域 D_1

この領域は，y 型と見ることもできるし（図 19.4），x 型と見ることもできる（図 19.5）：

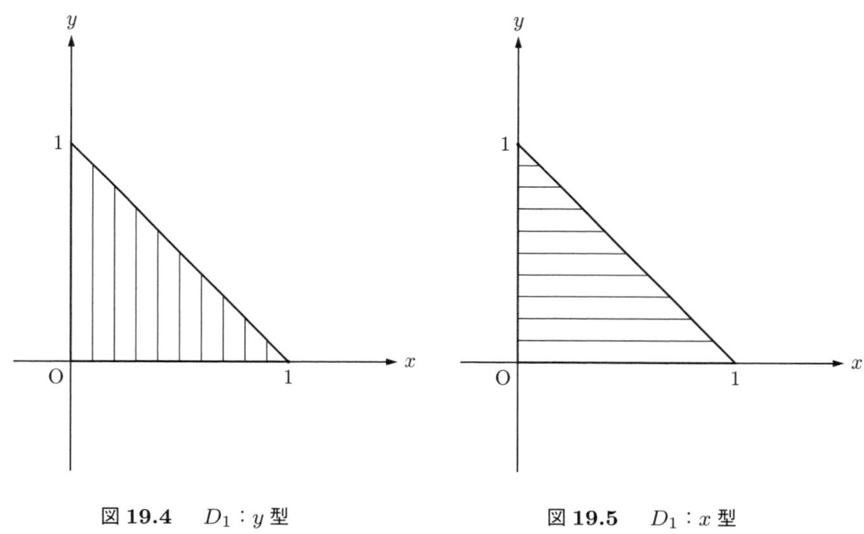

図 19.4　D_1：y 型　　**図 19.5**　D_1：x 型

では，y 型と見たときの不等式はどうなるかを考えてみよう．そのためには，この三角形の底辺と斜辺の方程式をそれぞれ「$y = \cdots$」の形で表せばよい．底辺は x 軸の一部だから，その方程式は

$$y = 0$$

である．一方斜辺の方程式は $x + y = 1$ だから，これを y について解いた

$$y = 1 - x$$

になる．したがって，求める不等式は

$$0 \leq y \leq 1 - x$$

である．そして x が動く範囲は，この底辺の範囲

$$0 \leq x \leq 1$$

である．

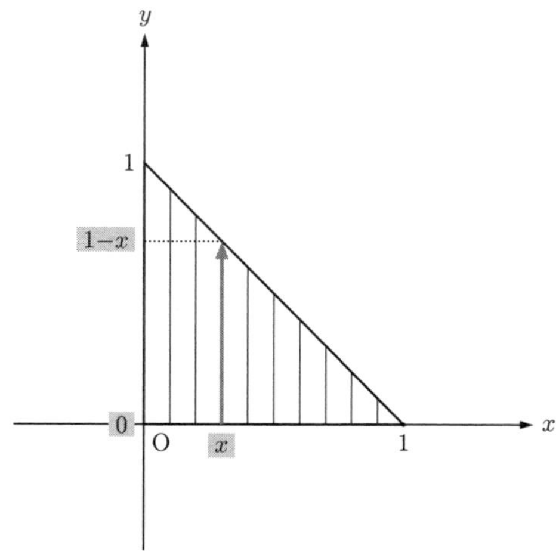

図 19.6　**領域** D_1：y **型とみたときの不等式** $0 \leq y \leq 1 - x$

では，x 型と見たときの不等式はどうなるかを考えてみよう．そのためには，この三角形の縦の辺と斜辺の方程式を「$x = \cdots$」の形で表せばよい．縦の辺は y 軸の一部だから，その方程式は

$$x = 0$$

である．一方斜辺の方程式は $x + y = 1$ だから，これを x について解いた

$$x = 1 - y$$

になる．したがって，求める不等式は

$$0 \leq x \leq 1 - y$$

である．そして y が動く範囲は，この縦の辺の範囲

$$0 \leq y \leq 1$$

である．

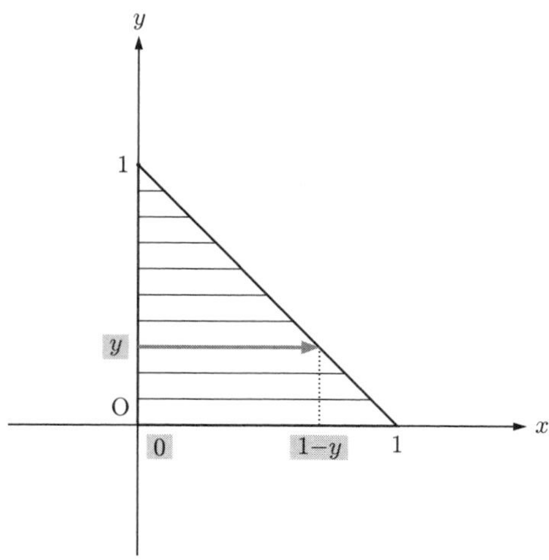

図 19.7　領域 D_1：y 型とみたときの不等式 $0 \leq x \leq 1-y$

このようにして，領域 D_1 を y 型，x 型の両方の型で表すことができた：

$$D_1 = \{(x,y)|0 \leq x \leq 1, 0 \leq y \leq 1-x\} \quad \cdots「y 型」 \tag{19.1}$$
$$D_1 = \{(x,y)|0 \leq x \leq 1-y, 0 \leq y \leq 1\} \quad \cdots「x 型」 \tag{19.2}$$

19.3　積分の順序交換

前節のように，積分領域が x 型，y 型の両方の表し方を持っているときは，その型を変える事によって積分の計算が可能になる場合がある．これを，例題を通して見ていこう．

例題 1．$f(x,y) = \dfrac{y}{x^2+1}, D = \{(x,y); 0 \leq x \leq 1-y, 0 \leq y \leq 1\}$ のとき $\displaystyle\iint_D f(x,y)dxdy$ を求めよ．

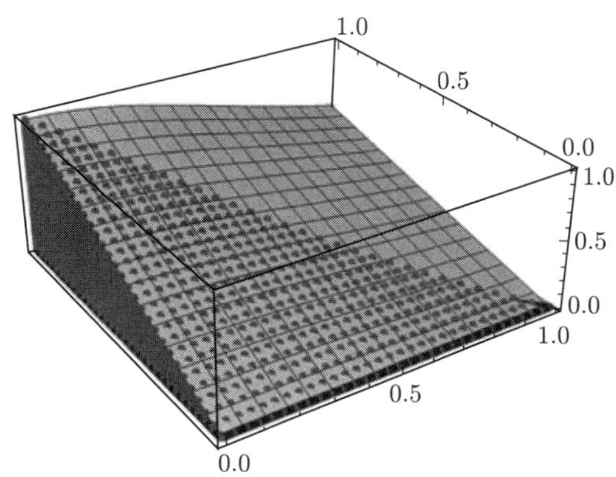

図 19.8　例題 1 の積分領域と立体

解 D の与えられ方は x 型なので，定理 18.2 の (2) を使って計算しようとすると

$$\iint_D \frac{y}{x^2+1}dxdy = \int_0^1 \left(\int_0^{1-y} \frac{y}{x^2+1}dx\right) dy$$

右辺の積分で $\arctan x$ が出て来てしまい，その後の y での積分が難しい．しかし，この領域を x 型から y 型に変えると次のように簡単に積分できる．この領域 D は前節の領域 D_1 と同じだから，(19.1) を使って

$$D = \{(x,y)|0 \leq x \leq 1, 0 \leq y \leq 1-x\}$$

と表される．すると，以下のようにすっきり計算できる．

$$\begin{aligned}
\iint_D \frac{y}{x^2+1}dxdy &= \int_0^1 \left(\int_0^{1-x} \frac{y}{x^2+1}dy\right) dx \\
&= \int_0^1 \left[\frac{y^2}{2(x^2+1)}\right]_{y=0}^{y=1-x} dx \\
&= \frac{1}{2}\int_0^1 \frac{(1-x)^2}{x^2+1}dx \\
&= \frac{1}{2}\int_0^1 \frac{x^2-2x+1}{x^2+1}dx \\
&= \frac{1}{2}\int_0^1 \left(\frac{x^2+1}{x^2+1} - \frac{2x}{x^2+1}\right) dx \\
&= \frac{1}{2}\int_0^1 \left(1 - \frac{(x^2+1)'}{x^2+1}\right) dx \\
&= \frac{1}{2}\Big[x - \log(x^2+1)\Big]_0^1 \\
&= \frac{1-\log 2}{2}
\end{aligned}$$

□

次の例題は，積分領域の境界が曲線の場合である．

例題 2. $f(x,y) = \dfrac{1}{x^3+2}, D = \{(x,y); \sqrt{y} \leq x \leq 1, 0 \leq y \leq 1\}$ のとき $\displaystyle\iint_D f(x,y)dxdy$ を求めよ．

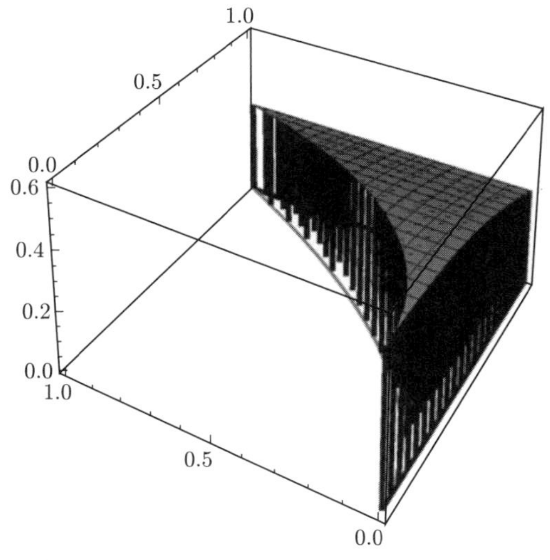

図 19.9　例題 2 の領域

解　D の与えられ方は x 型なので，定理 18.2 の (2) を使って計算しようとすると

$$\iint_D \frac{1}{x^3+2}dxdy = \int_0^1 \left(\int_{\sqrt{y}}^1 \frac{1}{x^3+2}dx \right) dy$$

となり，右辺のカッコの中の x での積分は部分分数分解を使うことになり．すこし面倒そうである．

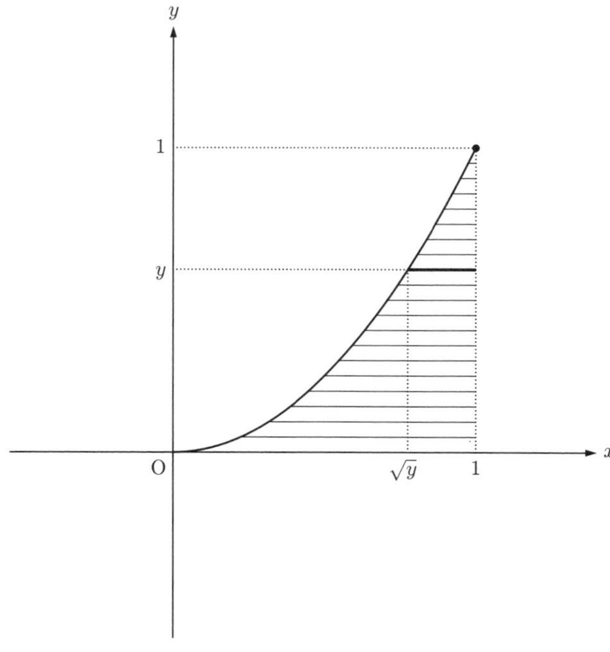

図 19.10　x 型の場合

そこで見方を変えて，D を

$$D = \{(x, y); 0 \leq x \leq 1, 0 \leq y \leq x^2\}$$

として，定理 18.2 の (1) を使うと次のように計算できる．

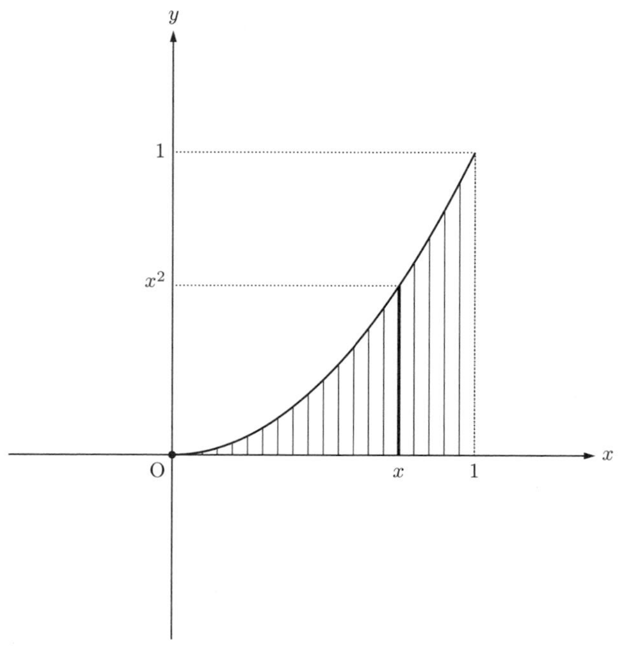

図 19.11　y 型の場合

$$\begin{aligned}
\iint_D \frac{1}{x^3+2} dxdy &= \int_0^1 \left(\int_0^{x^2} \frac{1}{x^3+2} dy \right) dx \\
&= \int_0^1 \left[\frac{y}{x^3+2} \right]_0^{x^2} dx \\
&= \int_0^1 \frac{x^2}{x^3+2} dx \\
&= \frac{1}{3} \int_0^1 \frac{(x^3+2)'}{x^3+2} dx \\
&= \frac{1}{3} \Big[\log(x^3+2) \Big]_0^1 \\
&= \frac{1}{3} \log \frac{3}{2}
\end{aligned}$$

□

第19章　演習問題

1．重積分 $\displaystyle\int_0^1 \left(\int_0^{x^2} xydy\right) dx$ の値を求め，積分順序を交換して求めた値と一致することを確認せよ．

2．次の重積分を積分の順序を交換することによって求めよ．

(1) $\displaystyle\int_0^1 \left(\int_y^1 e^{-x^2} dx\right) dy$

(2) $\displaystyle\int_0^1 \left(\int_0^{x^2} \frac{x}{2-y} dy\right) dx$

解説動画 →

20 重積分の変数変換

2 変数関数 $f(x,y)$ の変数 x,y が別の 2 変数 s,t の関数になっているときに，重積分 $\iint_D f(x,y)dxdy$ の変数を変換して計算する方法を述べる．

20.1 重積分の変数変換公式

定理 20.1

$x=x(s,t), y=y(s,t)$ のとき，

$$\iint_D f(x,y)dxdy = \iint_{D'} f(x(s,t),y(s,t)) \left|\frac{\partial(x,y)}{\partial(s,t)}\right| dsdt$$

ただし，

$$D' = \{(s,t);(x(s,t),y(s,t)) \in D\},$$
$$\frac{\partial(x,y)}{\partial(s,t)} = \det\begin{pmatrix} \frac{\partial x}{\partial s} & \frac{\partial x}{\partial t} \\ \frac{\partial y}{\partial s} & \frac{\partial y}{\partial t} \end{pmatrix}$$

注意. $\frac{\partial(x,y)}{\partial(s,t)}$ を「関数行列式」あるいは「ヤコビアン (Jacobian)」という．

例題 1. $f(x,y)=x^2+y^2, D=\{(x,y);|x+y|\le 1, |x-y|\le 1\}$ のとき $\iint_D f(x,y)dxdy$ を求めよ．

解 変数変換 $s=x+y, t=x-y$ を考える．x,y について解くと

$$\begin{cases} x = \dfrac{s+t}{2} \\ y = \dfrac{s-t}{2} \end{cases}$$

であるから，関数行列式は

$$\frac{\partial(x,y)}{\partial(s,t)} = \det\begin{pmatrix} \frac{\partial x}{\partial s} & \frac{\partial x}{\partial t} \\ \frac{\partial y}{\partial s} & \frac{\partial y}{\partial t} \end{pmatrix} = \det\begin{pmatrix} \frac{1}{2} & \frac{1}{2} \\ \frac{1}{2} & -\frac{1}{2} \end{pmatrix} = -\frac{1}{2}$$

である．また D に対応する領域 D' は

$$\begin{aligned} D' &= \{(s,t); |s| \leq 1, |t| \leq 1\} \\ &= \{(s,t); -1 \leq s \leq 1, -1 \leq t \leq 1\} \end{aligned}$$

となる．したがって定理 20.1 を用いて次のように計算できる：

$$\begin{aligned} \iint_D f(x,y)dxdy &= \iint_{D'} \left(\left(\frac{s+t}{2}\right)^2 + \left(\frac{s-t}{2}\right)^2 \right) \left|-\frac{1}{2}\right| dsdt \\ &= \frac{1}{4} \iint_{D'} (s^2+t^2)\, dsdt \\ &= \frac{1}{4} \int_{-1}^{1} \left(\int_{-1}^{1} (s^2+t^2)\, ds \right) dt \\ &= \frac{1}{4} \int_{-1}^{1} \left[\frac{s^3}{3} + st^2 \right]_{s=-1}^{s=1} dt \\ &= \frac{1}{4} \int_{-1}^{1} \left(\frac{2}{3} + 2t^2 \right) dt \\ &= \frac{1}{4} \left[\frac{2t}{3} + \frac{2t^3}{3} \right]_{-1}^{1} \\ &= \frac{2}{3} \end{aligned}$$

□

20.2　重積分の変数変換公式：極座標の場合

定理 20.1 は，とくに極座標への変換 $x = r\cos\theta, y = r\sin\theta$ のときに重要である．このとき関数行列式 $\dfrac{\partial(x,y)}{\partial(r,\theta)}$ は次のように計算される：

$$\begin{aligned} \frac{\partial(x,y)}{\partial(r,\theta)} &= \det \begin{pmatrix} \dfrac{\partial x}{\partial r} & \dfrac{\partial x}{\partial \theta} \\ \dfrac{\partial y}{\partial r} & \dfrac{\partial y}{\partial \theta} \end{pmatrix} \\ &= \det \begin{pmatrix} \dfrac{\partial(r\cos\theta)}{\partial r} & \dfrac{\partial(r\cos\theta)}{\partial \theta} \\ \dfrac{\partial(r\sin\theta)}{\partial r} & \dfrac{\partial(r\sin\theta)}{\partial \theta} \end{pmatrix} \\ &= \det \begin{pmatrix} \cos\theta & -r\sin\theta \\ \sin\theta & r\cos\theta \end{pmatrix} \\ &= r\cos^2\theta + r\sin^2\theta \\ &= r \end{aligned}$$

したがって次の極座標への変換公式が得られる：

定理 20.2

$x = r\cos\theta, y = r\sin\theta$ のとき，

$$\iint_D f(x,y)dxdy = \iint_{D'} f(r\cos\theta, r\sin\theta)rdrd\theta$$

ただし，

$$D' = \{(r,\theta); (r\cos\theta, r\sin\theta) \in D\}.$$

例題 2. $f(x,y) = \sqrt{1-x^2-y^2}, D = \{(x,y); x^2+y^2 \leq 1\}$ のとき，$\iint_D f(x,y)dxdy$ を求めよ．(これは中心が原点，半径が 1 の球の上半分の体積である．)

解 極座標に変換すると D に対応する領域 D' は

$$D' = \{(r,\theta); 0 \leq r \leq 1, 0 \leq \theta \leq 2\pi\}$$

となる．したがって定理 20.2 を用いて次のように計算できる：

$$\begin{aligned}
\iint_D f(x,y)dxdy &= \iint_{D'} f(r\cos\theta, r\sin\theta)rdrd\theta \\
&= \iint_{D'} \sqrt{1-r^2\cos^2\theta - r^2\sin^2\theta}\, rdrd\theta \\
&= \iint_{D'} \sqrt{1-r^2}\, rdrd\theta \\
&= \int_0^{2\pi} \left(\int_0^1 \sqrt{1-r^2}\, rdr\right) d\theta \\
&= \int_0^{2\pi} \left(\int_0^1 \sqrt{1-t}\, \frac{dt}{2}\right) d\theta \\
&= \int_0^{2\pi} \left[-\frac{1}{3}(1-t)^{\frac{3}{2}}\right]_0^1 d\theta \\
&= \int_0^{2\pi} \frac{1}{3} d\theta \\
&= \frac{2\pi}{3}
\end{aligned}$$

□

例題 3. $f(x,y)=e^{-x^2-y^2}, D=\{(x,y); x^2+y^2\leq 1, x\geq 0, y\geq 0\}$ のとき $\iint_D f(x,y)dxdy$ を求めよ.

解　極座標に変換すると D に対応する領域 D' は

$$D'=\{(r,\theta); 0\leq r\leq 1, 0\leq\theta\leq\frac{\pi}{2}\}$$

となる. したがって定理 20.2 を用いて次のように計算できる：

$$\begin{aligned}
\iint_D f(x,y)dxdy &= \iint_{D'} f(r\cos\theta, r\sin\theta)rdrd\theta \\
&= \iint_{D'} e^{-r^2\cos^2\theta-r^2\sin^2\theta}\,rdrd\theta \\
&= \iint_{D'} e^{-r^2}rdrd\theta \\
&= \int_0^{\frac{\pi}{2}}\left(\int_0^1 e^{-r^2}rdr\right)d\theta \\
&= \int_0^{\frac{\pi}{2}}\left[-\frac{e^{-r^2}}{2}\right]_0^1 d\theta \\
&= \int_0^{\frac{\pi}{2}}\frac{1}{2}(1-e^{-1})d\theta \\
&= \frac{\pi}{4}\left(1-\frac{1}{e}\right)
\end{aligned}$$

□

第20章　演習問題

1. 次の関数 $f(x,y)$ と領域 D に対して，重積分 $\displaystyle\iint_D f(x,y)dxdy$ を適当な変数変換を用いて求めよ．

(1)　$f(x,y)=(3x+2y)^2, D=\{(x,y);|2x+y|\leq 1,|x+y|\leq 1\}$

(2)　$f(x,y)=(x-y)e^{x+y}, D=\{(x,y);0\leq x+y\leq 1,0\leq x-y\leq 1\}$

2. 次の関数 $f(x,y)$ と領域 D に対して，重積分 $\displaystyle\iint_D f(x,y)dxdy$ を極座標に変換することによって求めよ．

(1)　$f(x,y)=x^2+y^2, D=\{(x,y);x^2+y^2\leq 1\}$

(2)　$f(x,y)=\dfrac{1}{x^2+y^2}, D=\{(x,y);1\leq x^2+y^2\leq e^2\}$

(3)　$f(x,y)=\dfrac{1}{\sqrt{1-x^2-y^2}}, D=\{(x,y);x^2+y^2\leq \dfrac{3}{4}\})$

第二部　基礎事項詳説

第一部第 1 章で述べた微積分の基本公式を解説するのがここの目標である．数々の式変形がでてくることになるが，「$\Leftarrow$」のところになぜそのように変形できるか，という理由も述べてある．高校で「数学 III」を学習していない，あるいは学習したけれども復習したいというときに，ここで理解を深めてほしい．

I　積の微分，商の微分

関数 $f(x), g(x)$ の積や商の微分の公式を証明するのがこの章の目標である．

I.1　連続性と微分可能性

関数 $f(x)$ が $x=c$ が連続である，とは

$$\lim_{x \to c} f(x) = f(c) \tag{I.1}$$

が成り立つことをいう．また関数 $f(x)$ が $x=c$ において微分可能である，とは

$$\lim_{h \to 0} \frac{f(c+h)-f(c)}{h}$$

が存在することをいい，この極限値を $f'(c)$ と書く．この極限値は，$c+h=x$，したがって $h=x-c$ とおくことによって

$$f'(c) = \lim_{x \to c} \frac{f(x)-f(c)}{x-c} \tag{I.2}$$

とも表すことができることに注意する．このことから次の重要な命題が導かれる：

> **命題 I.1**
> 関数 $f(x)$ が $x=c$ において微分可能ならば，$f(x)$ は $x=c$ において連続である．

証明　連続性の定義の式 (I.1) $\lim_{x \to c} f(x) = f(c)$ が成り立つこと，すなわち

$$\lim_{x \to c} \{f(x) - f(c)\} = 0$$

であることを示せばよい．これは次の計算からわかる：

$$\begin{aligned}\lim_{x\to c}\{f(x)-f(c)\} &= \lim_{x\to c}\left\{(x-c)\frac{f(x)-f(c)}{x-c}\right\}\\ &\qquad (\Leftarrow \frac{x-c}{x-c}=1\text{ だから})\\ &= \lim_{x\to c}(x-c)\lim_{x\to c}\frac{f(x)-f(c)}{x-c}\\ &\qquad (\Leftarrow \lim\text{ の性質．命題 I.2 の (4)})\\ &= 0\cdot f'(c) \quad (\Leftarrow \text{式 (I.2)})\\ &= 0\end{aligned}$$

□

ここで関数の極限値について成り立つ公式をまとめておく：

命題 I.2

$\lim_{x\to a} f(x)$，$\lim_{x\to a} g(x)$ が存在するとき，次の等式が成り立つ：

(1) $\lim_{x\to a}\{kf(x)\} = k\lim_{x\to a} f(x)$ （ただし k は定数）

(2) $\lim_{x\to a}\{f(x)+g(x)\} = \lim_{x\to a} f(x) + \lim_{x\to a} g(x)$

(3) $\lim_{x\to a}\{f(x)-g(x)\} = \lim_{x\to a} f(x) - \lim_{x\to a} g(x)$

(4) $\lim_{x\to a}\{f(x)g(x)\} = \lim_{x\to a} f(x)\lim_{x\to a} g(x)$

(5) $\lim_{x\to a}\dfrac{f(x)}{g(x)} = \dfrac{\lim_{x\to a} f(x)}{\lim_{x\to a} g(x)}$ （ただし $\lim_{x\to a} g(x)\neq 0$）

注意．高校の数学 III の教科書では，これらの公式について詳しい説明はされていないが，実は「実数とは何か」あるいは「極限とは何か」という微積分学の厳密な基礎付けの問題に深く関わっている．後に第 IV 章の「$\sin x$ の連続性」のところで詳しくみていきたい．

I.2 積の微分

命題 I.3
関数 $f(x), g(x)$ がともに微分可能ならば，その積 $f(x)g(x)$ も微分可能で

$$\{f(x)g(x)\}' = f'(x)g(x) + f(x)g'(x)$$

が成り立つ．

証明 次の計算からわかる：

$$
\begin{aligned}
&\{f(x)g(x)\}' \\
&= \lim_{h\to 0} \frac{f(x+h)g(x+h) - f(x)g(x)}{h} \quad (\Leftarrow \text{微分の定義}) \\
&= \lim_{h\to 0} \frac{f(x+h)g(x+h) - f(x)g(x+h) + f(x)g(x+h) - f(x)g(x)}{h} \\
&\quad (\Leftarrow \text{分子に 0 と等しい「}-f(x)g(x+h)+f(x)g(x+h)\text{」を足した}) \\
&= \lim_{h\to 0} \frac{\{f(x+h) - f(x)\}g(x+h) + f(x)\{g(x+h) - g(x)\}}{h} \\
&\quad (\Leftarrow \text{分子を 2 つずつカッコでくくった}) \\
&= \lim_{h\to 0} \frac{f(x+h) - f(x)}{h} g(x+h) + \lim_{h\to 0} f(x) \frac{g(x+h) - g(x)}{h} \\
&\quad (\Leftarrow \lim \text{の性質：命題 I.2 の (2)}) \\
&= \lim_{h\to 0} \frac{f(x+h) - f(x)}{h} \lim_{h\to 0} g(x+h) + f(x) \lim_{h\to 0} \frac{g(x+h) - g(x)}{h} \\
&\quad (\Leftarrow \lim \text{の性質：命題 I.2 の (1) と (4)}) \\
&= f'(x)g(x) + f(x)g'(x) \quad (\Leftarrow \text{微分の定義と } g(x) \text{ の連続性})
\end{aligned}
$$

□

この応用として次の「x^n の微分の公式」が導き出せる：

命題 I.4
正の整数 n に対して

$$(x^n)' = nx^{n-1} \tag{I.3}$$

が成り立つ．

証明　数学的帰納法で証明しよう．$n=1$ のとき $f(x)=x$ とおくと

$$\begin{aligned} f'(x) &= \lim_{h\to 0}\frac{f(x+h)-f(x)}{h} && (\Leftarrow \text{微分の定義}) \\ &= \lim_{h\to 0}\frac{(x+h)-x}{h} && (\Leftarrow f(x)\text{ の定義}) \\ &= \lim_{h\to 0}\frac{h}{h} && (\Leftarrow \text{分子を計算した}) \\ &= \lim_{h\to 0} 1 \\ &= 1 \end{aligned}$$

したがって

$$(x)' = 1 \tag{I.4}$$

となって式 (I.3) が $n=1$ のときに証明できた．次に $n=k$ のとき式 (I.3) が成り立つと仮定すると

$$(x^k)' = kx^{k-1} \tag{I.5}$$

が成り立っているから，$n=k+1$ のときは

$$\begin{aligned} (x^{k+1})' &= (x^k\cdot x)' && (\Leftarrow \text{指数法則}) \\ &= (x^k)'\cdot x + x^k\cdot(x)' && (\Leftarrow \text{命題 I.3}) \\ &= kx^{k-1}\cdot x + x^k\cdot 1 && (\Leftarrow \text{(I.5) と (I.4) より}) \\ &= (k+1)x^k && (\Leftarrow \text{指数法則}) \end{aligned}$$

というように式 (I.3) が $n=k+1$ のときも成り立つことが証明できる．したがって (I.3) が一般の n に対して成り立つことが証明された．□

I.3　$\dfrac{1}{f(x)}$ の微分

命題 I.5
関数 $f(x)$ が微分可能ならば，$\dfrac{1}{f(x)}$ は $f(x)\neq 0$ であるような x において微分可能で

$$\left(\frac{1}{f(x)}\right)' = \frac{-f'(x)}{\{f(x)\}^2}$$

が成り立つ．

証明 次の計算からわかる：

$$\left(\frac{1}{f(x)}\right)' = \lim_{h\to 0}\frac{\frac{1}{f(x+h)}-\frac{1}{f(x)}}{h} \qquad (\Leftarrow \text{微分の定義})$$

$$= \lim_{h\to 0}\frac{f(x)-f(x+h)}{f(x)f(x+h)h} \qquad (\Leftarrow \text{通分した})$$

$$= -\frac{1}{f(x)}\lim_{h\to 0}\frac{1}{f(x+h)}\lim_{h\to 0}\frac{f(x+h)-f(x)}{h}$$

$$(\Leftarrow \lim \text{の性質：命題 I.2 の (1) と (4)})$$

$$= -\frac{1}{f(x)}\frac{1}{\lim_{h\to 0}f(x+h)}\lim_{h\to 0}\frac{f(x+h)-f(x)}{h}$$

$$(\Leftarrow \lim \text{の性質：命題 I.2 の (5)})$$

$$= -\frac{1}{f(x)}\frac{1}{f(x)}f'(x) \qquad (\Leftarrow f(x)\text{ の連続性と微分の定義})$$

$$= \frac{-f'(x)}{\{f(x)\}^2}$$

□

例. $\dfrac{1}{x^n}$ の微分：$f(x) = x^n$ とおくとこれは $\dfrac{1}{f(x)}$ の形であり，上の命題 I.5 が適用できる．すなわち

$$\left(\frac{1}{x^n}\right)' = \frac{-f'(x)}{\{f(x)\}^2} \qquad (\Leftarrow \text{命題 I.5})$$

$$= \frac{-nx^{n-1}}{(x^n)^2} \qquad (\Leftarrow \text{命題 I.4})$$

$$= \frac{-nx^{n-1}}{x^{2n}} \qquad (\Leftarrow \text{指数法則})$$

$$= \frac{-n}{x^{n+1}} \qquad (\Leftarrow \text{指数法則})$$

というように計算できる．さらに $\dfrac{1}{x^n} = x^{-n}$ および $\dfrac{1}{x^{n+1}} = x^{-(n+1)} = x^{-n-1}$ であることに注意すればこれを

$$(x^{-n})' = -nx^{-n-1}$$

と表すこともできる．つまり命題 I.4 は n が負の整数のときも成り立つことがわかった．

注意．実は命題 I.4 は n が任意の実数のときも成り立つ．したがってたとえば

$$\begin{aligned}(\sqrt{x})' &= (x^{\frac{1}{2}})' \\ &= \frac{1}{2}x^{\frac{1}{2}-1} \quad (\Leftarrow \text{命題 I.4 で } n = \frac{1}{2} \text{とおいた}) \\ &= \frac{1}{2}x^{-\frac{1}{2}} \\ &= \frac{1}{2\sqrt{x}}\end{aligned}$$

という公式もできる．

I.4 商の微分

命題 I.6

関数 $f(x), g(x)$ がともに微分可能ならば，その商 $\dfrac{f(x)}{g(x)}$ は $g(x) \neq 0$ となるような x において微分可能で

$$\left(\frac{f(x)}{g(x)}\right)' = \frac{f'(x)g(x) - f(x)g'(x)}{\{g(x)\}^2}$$

が成り立つ．

証明 命題 I.4 と命題 I.5 を用いて次のようにして示すことができる：

$$\begin{aligned}&\left(\frac{f(x)}{g(x)}\right)' \\ &= \left\{f(x) \cdot \frac{1}{g(x)}\right\}' \\ &= f'(x) \cdot \frac{1}{g(x)} + f(x) \cdot \left(\frac{1}{g(x)}\right)' \quad (\Leftarrow \text{命題 I.4}) \\ &= f'(x) \cdot \frac{1}{g(x)} + f(x) \cdot \frac{-g'(x)}{\{g(x)\}^2} \quad (\Leftarrow \text{命題 I.5}) \\ &= \frac{f'(x)g(x) - f(x)g'(x)}{\{g(x)\}^2} \quad (\Leftarrow \text{通分した})\end{aligned}$$

□

II　合成関数の微分

命題 II.1

関数 $v = g(x)$ と関数 $y = f(v)$ がともに微分可能ならば，合成関数 $y = f(g(x))$ も微分可能であり，

$$\{f(g(x))\}' = f'(g(x))g'(x), \tag{II.1}$$

すなわち

$$\{f(g(x))\}' = f'(v)v'$$

という公式が成り立つ．

証明　あとの計算を見やすくするために，合成関数 $f(g(x))$ を $F(x)$ とおく．最初に，$g(x)$ は命題 I.1 によって連続だから，$g(c) = d$ とおくと

$$\lim_{x\to c} v = \lim_{x\to c} g(x) = g(c) = d \tag{II.2}$$

が成り立っていることに注意する．したがって

$$\begin{aligned}
F'(c) &= \lim_{x\to c}\frac{F(x)-F(c)}{x-c} && (\Leftarrow \text{微分の定義})\\
&= \lim_{x\to c}\frac{f(g(x))-f(g(c))}{x-c} && (\Leftarrow F(x)=f(g(x))\ \text{とおいたから})\\
&= \lim_{x\to c}\frac{f(g(x))-f(g(c))}{g(x)-g(c)}\cdot\frac{g(x)-g(c)}{x-c} && (\Leftarrow \text{分数を分けた})\\
&= \lim_{x\to c}\frac{f(v)-f(d)}{v-d}\cdot\frac{g(x)-g(c)}{x-c} && (\Leftarrow g(x)=v, g(c)=d)\\
&= \lim_{v\to d}\frac{f(v)-f(d)}{v-d}\cdot\lim_{x\to c}\frac{g(x)-g(c)}{x-c}\\
&\qquad (\Leftarrow \text{式 (II.2) より}\ x\to c\ \text{のとき}\ v\to d)\\
&= f'(d)g'(c) && (\Leftarrow \text{微分の定義})\\
&= f'(g(c))g'(c) && (\Leftarrow g(c)=d\ \text{であった})
\end{aligned}$$

となる．よって c を任意の実数 x で置き換えれば

$$\{f(g(x))\}' = f'(g(x))g'(x) = f'(v)v'$$

となって証明が終わる．　□

III　逆関数の微分

関数 $y = f(x)$ を x に関する方程式とみて x について解いて y で表したものを

$$x = f^{-1}(y)$$

と書き，関数 $y = f(x)$ の逆関数という．したがって

$$f^{-1}(f(x)) = x \tag{III.1}$$

が成り立っていることに注意する．

命題 III.1
関数 $y = f(x)$ が微分可能であってしかも逆関数をもつとき

$$\frac{d}{dy}\{f^{-1}(y)\} = \frac{1}{\frac{d}{dx}\{f(x)\}},$$

すなわち

$$\frac{dx}{dy} = \frac{1}{\frac{dy}{dx}}$$

が成り立つ．

証明　合成関数の微分法 (命題 II.1) によって

$$\{f^{-1}(f(x))\}' = \frac{d}{dy}\{f^{-1}(y)\} \cdot \frac{d}{dx}\{f(x)\}$$

が成り立っている．したがって式 (III.1) の両辺を x で微分すれば

$$\frac{d}{dy}\{f^{-1}(y)\} \cdot \frac{d}{dx}\{f(x)\} = 1$$

となり

$$\frac{d}{dy}\{f^{-1}(y)\} = \frac{1}{\frac{d}{dx}\{f(x)\}}$$

であることが示された．　□

IV　$\sin x$ の連続性

関数 $y = \sin x$ が実数全体で連続であることを，数学 II までの知識だけで理解できるように説明するのがこの章の目標である．

IV.1　$x = 0$ における連続性

関数 $f(x)$ が $x = c$ において連続である，とは

$$\lim_{x \to c} f(x) = f(c)$$

が成り立つことをいうのであった．高校ではこれは

「x が限りなく c に近づくならば $f(x)$ が $f(c)$ に限りなく近づく」

と表現するのだが，厳密には次のように表現される：

「任意の正の数 ϵ を与えたとき

$$|x - c| < \delta \text{ ならば } |f(x) - f(c)| < \epsilon$$

となるような正の数 δ を見つけることができる」

注意．このようにして連続性を定義することを「$\epsilon - \delta$ 論法」という．これはコーシーやワイエルシュトラスによる微積分学の厳密な基礎付けの試みにおいて現れてきた．ここの「ϵ」は「error (誤差)」の頭文字「e」に，「δ」は「distance (距離)」の頭文字「d」に由来する．

その気持ちを汲んでもう少しかみくだいて言うと

「x の c との距離 $|x - c|$ を小さくすれば
関数値の誤差 $|f(x) - f(c)|$ をいくらでも小さくできる」

ということであり，しかも「関数値の誤差 $|f(x) - f(c)|$ の許容範囲が ϵ より小さくなるという条件を先に与えて，あとから x と c との距離 $|x - c|$ の範囲 δ を決めることができる」というところが本質である．

例えば $f(x)=2x$ はあらゆる実数 c において連続であることが「$\epsilon-\delta$ 論法」では以下のように証明される．目標は $|f(x)-f(c)|=|2x-2c|$ を，与えられた ϵ より小さくするための x の範囲を決めることである．すなわち

「不等式 $|2x-2c|<\epsilon$ を解け」

ということであり，両辺を 2 で割ると

$$|x-c|<\frac{\epsilon}{2}$$

となるから，この右辺の $\dfrac{\epsilon}{2}$ を δ に選んで $\delta=\dfrac{\epsilon}{2}$ とおくと

$$|x-c|<\delta \Rightarrow |2x-2c|<\epsilon$$

が成り立つことがわかる．したがって $f(x)=2x$ はあらゆる実数 c において連続であることが厳密に示された．

そこで $f(x)=\sin x$ の連続性を考えていこう．まず $x=0$ において $\sin x$ が連続であることからはじめる．これは任意の正の数 ϵ に対して

$$|x-0|<\delta \Rightarrow |\sin x-\sin 0|<\epsilon$$

となるような正の数 δ が存在するか，すなわち

$$|x|<\delta \Rightarrow |\sin x|<\epsilon \tag{IV.1}$$

となるような正の数 δ が存在するか，という問題である．そこで

$$\epsilon_0=\min(1,\epsilon) \quad (\Leftarrow 1 \text{ と } \epsilon \text{ の小さい方という記号}) \tag{IV.2}$$

とおくと $0<\epsilon_0\leq 1$ が成り立っているから，$0<\delta\leq\dfrac{\pi}{2}$ の範囲で

$$\sin\delta=\epsilon_0 \tag{IV.3}$$

となるような δ が存在する．すると，$\sin x$ は $-\dfrac{\pi}{2}\leq x\leq\dfrac{\pi}{2}$ の範囲で単調増加であることから，

$$0\leq x<\delta \Rightarrow 0\leq\sin x<\sin\delta \tag{IV.4}$$

が成り立つ．さらに $\sin x$ は奇関数，すなわち $\sin(-\delta)=-\sin\delta$ をみたすから

$$-\delta<x\leq 0 \Rightarrow -\sin\delta<\sin x\leq 0 \tag{IV.5}$$

式 (IV.4) と式 (IV.5) を合わせると

$$|x|<\delta \Rightarrow |\sin x|<\sin\delta$$

が得られるが，式 (IV.3) より $\sin\delta = \epsilon_0 \leq \epsilon$ ($\Leftarrow$ 式 (IV.2)) であるから (IV.1) が成り立つことがわかり，$\sin x$ の $x = 0$ における連続性が示された.

注意. 同様にして $\cos x$ の $x = 0$ における連続性も示すことができる.

このことを用いて任意の実数 c に対して $\sin x$ が $x = c$ において連続であることを，次のように加法定理を用いて示すことができる：

$$
\begin{aligned}
\lim_{x\to c}\sin x &= \lim_{x\to 0}\sin(x+c) \\
&= \lim_{x\to 0}(\sin x\cos c + \cos x\sin c) \\
&\qquad (\Leftarrow \text{加法定理}) \\
&= (\lim_{x\to 0}\sin x)\cdot\cos c + (\lim_{x\to 0}\cos x)\cdot\sin c \\
&\qquad (\Leftarrow \lim \text{の性質：命題 I.2 の (1), (2), (4)}) \\
&= \sin 0\cdot\cos c + \cos 0\cdot\sin c \\
&\qquad (\Leftarrow \sin x, \cos x \text{ の } x=0 \text{ における連続性}) \\
&= \sin(0+c) \quad (\Leftarrow \text{加法定理}) \\
&= \sin c
\end{aligned}
$$

が成り立ち，$\sin x$ が $x = c$ において連続であることが示された.

V $\dfrac{\sin x}{x}$ の極限

$\sin x$ の微分が $\cos x$ であることを証明するときにキーポイントとなる「$\displaystyle\lim_{x\to 0}\frac{\sin x}{x}=1$」であることの説明がこの章の目標である.
次の命題が大事な役割を果たす：

命題 V.1
開区間 $(0,a)$ で定義された連続関数 $f(x)$ に対して

$$\lim_{x\to +0} f(x)=\alpha \tag{V.1}$$

であることと，0 に収束するある数列 $\{a_n\}$ $(a_n\in(0,a))$ について

$$\lim_{n\to\infty} f(a_n)=\alpha \tag{V.2}$$

であることは同値である.

注意. $\displaystyle\lim_{x\to +0} f(x)=\alpha$ は「x が正の値をとりながら限りなく 0 に近づくとき，$f(x)$ の値が限りなく α に近づく」という意味の記号である．一方（後で出てくるが）$\displaystyle\lim_{x\to -0} f(x)=\alpha$ は「x が負の値をとりながら限りなく 0 に近づくとき，$f(x)$ の値が限りなく α に近づく」という意味である．そして $\displaystyle\lim_{x\to 0} f(x)$ は，

「$\displaystyle\lim_{x\to +0} f(x)$，$\displaystyle\lim_{x\to -0} f(x)$ がともに存在してそれらが一致するときの共通の値」

を意味する.

注意. この命題の証明は省略する．この章の最初で述べた「関数の連続性」と「数列の極限値」の厳密な定義を用いて証明される.

したがって $\displaystyle\lim_{x\to +0}\frac{\sin x}{x}=1$ であることを示すためには $f(x)=\dfrac{\sin x}{x}$ とおいたとき

$$\lim_{n\to\infty} f\left(\frac{2\pi}{n}\right)=0 \tag{V.3}$$

であることをいえばよい.（$\Leftarrow \displaystyle\lim_{n\to\infty}\frac{2\pi}{n}=0$ だからである.）そこで単位円に

内接する正 n 角形の面積を考えよう.（この図は $n=8$ の場合の図である.）

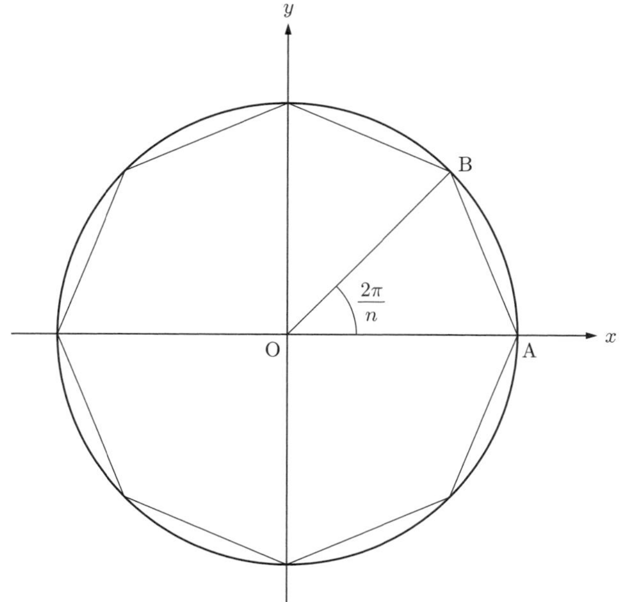

$\triangle$OAB の面積は

$$\triangle \mathrm{OAB} = \frac{1}{2} \cdot \mathrm{OA} \cdot \mathrm{OB} \cdot \sin\frac{2\pi}{n} = \frac{1}{2}\sin\frac{2\pi}{n}$$

であるから，全体の正 n 角形の面積 S_n はその n 倍で

$$S_n = \frac{n}{2}\sin\frac{2\pi}{n}$$

である．一方 n を限りなく大きくしていくと，この面積は円の面積 $\pi \cdot 1^2 = \pi$ に限りなく近づく．したがって

$$\lim_{n\to\infty} \frac{n}{2}\sin\frac{2\pi}{n} = \pi$$

である．この両辺を π で割れば

$$\lim_{n\to\infty} \frac{n}{2\pi}\sin\frac{2\pi}{n} = 1$$

すなわち，$f(x) = \dfrac{\sin x}{x}$ であったから

$$\lim_{n\to\infty} f\left(\frac{2\pi}{n}\right) = 1 \tag{V.4}$$

であることがわかり，命題 (V.1) より

$$\lim_{x\to+0} \frac{\sin x}{x} = 1 \tag{V.5}$$

であることが示された．一方 $\displaystyle\lim_{x\to -0}\frac{\sin x}{x}=1$ であることを示すのは今や簡単である．なぜなら $x=-x'$ とおくと x が下から 0 に近づくことと，x' が上から 0 に近づくことは同値であり，しかも $\dfrac{\sin x}{x}=\dfrac{\sin(-x')}{-x'}=\dfrac{\sin x'}{x'}$ であるから

$$\lim_{x\to -0}\frac{\sin x}{x}=\lim_{x'\to +0}\frac{\sin x'}{x'}=1 \tag{V.6}$$

が示されるからである．よって (V.5) と (V.6) を合わせてついに

$$\lim_{x\to 0}\frac{\sin x}{x}=1 \tag{V.7}$$

であることが証明された．

VI　$\sin x$ の微分

$\sin x$ の微分が $\cos x$，そして $\cos x$ の微分が $-\sin x$ であることを示すのがこの章の目標である．

VI.1　$\sin x$ の微分

関数 $f(x)$ の「微分（あるいは導関数）$f'(x)$」とは

$$f'(x) = \lim_{h \to 0} \frac{f(x+h) - f(x)}{h}$$

で定義されるのであった．したがって $\sin x$ の微分を求めるためには，極限値

$$\lim_{h \to 0} \frac{\sin(x+h) - \sin(x)}{h} \tag{VI.1}$$

を求めればよい．ここで「三角関数の差を積になおす公式」によって

$$\sin(x+h) - \sin x = 2\cos\left(x + \frac{h}{2}\right)\sin\frac{h}{2}$$

が成り立つから

$$\begin{aligned}\frac{\sin(x+h) - \sin(x)}{h} &= \frac{2\cos(x+\frac{h}{2})\sin\frac{h}{2}}{h} \\ &= \cos\left(x + \frac{h}{2}\right)\frac{\sin\frac{h}{2}}{\frac{h}{2}}\end{aligned}$$

と変形できる．したがって式 (VI.1) が

$$\begin{aligned}\lim_{h \to 0} \frac{\sin(x+h) - \sin(x)}{h} &= \lim_{h \to 0} \cos\left(x + \frac{h}{2}\right)\frac{\sin\frac{h}{2}}{\frac{h}{2}} \\ &= \lim_{h \to 0} \cos\left(x + \frac{h}{2}\right) \lim_{h \to 0} \frac{\sin\frac{h}{2}}{\frac{h}{2}} \\ &\qquad (\Leftarrow \lim \text{の性質：命題 I.2 の (4)}) \\ &= \cos x \cdot 1 \qquad (\Leftarrow \cos x \text{ の連続性と式 (V.7)}) \\ &= \cos x\end{aligned}$$

と計算され

$$(\sin x)' = \cos x$$

であることが証明された．

VI.2　$\cos x$ の微分

前節と同様な考え方で $\cos x$ の微分を求めることができることをみていこう．そのためには，極限値

$$\lim_{h \to 0} \frac{\cos(x+h) - \cos(x)}{h} \tag{VI.2}$$

を求めればよいが，ここでも「三角関数の差を積になおす公式」によって

$$\cos(x+h) - \cos x = -2\sin\left(x + \frac{h}{2}\right)\sin\frac{h}{2}$$

が成り立つから

$$\begin{aligned}\frac{\cos(x+h) - \cos(x)}{h} &= -\frac{2\sin\left(x + \frac{h}{2}\right)\sin\frac{h}{2}}{h} \\ &= -\sin\left(x + \frac{h}{2}\right)\frac{\sin\frac{h}{2}}{\frac{h}{2}}\end{aligned}$$

と変形できる．したがって式 (VI.2) が

$$\begin{aligned}\lim_{h\to 0}\frac{\cos(x+h) - \cos(x)}{h} &= -\lim_{h\to 0}\sin\left(x + \frac{h}{2}\right)\frac{\sin\frac{h}{2}}{\frac{h}{2}} \\ &\qquad\qquad (\Leftarrow \lim \text{の性質：命題 I.2 の (1)}) \\ &= -\lim_{h\to 0}\sin\left(x + \frac{h}{2}\right)\lim_{h\to 0}\frac{\sin\frac{h}{2}}{\frac{h}{2}} \\ &\qquad\qquad (\Leftarrow \lim \text{の性質：命題 I.2 の (4)}) \\ &= -\sin x \cdot 1 \qquad (\Leftarrow \sin x \text{ の連続性と式 (V.7)}) \\ &= -\sin x\end{aligned}$$

と計算され

$$(\cos x)' = -\sin x$$

であることが証明された．

VII　$\log x$, e^x の微分

対数関数 $\log x$, 指数関数 e^x の微分を求めるのがこの章の目標である.

VII.1　$\log x$ の微分

「自然対数の底 e」とは次の極限値として定義される数のことである：

$$e = \lim_{h\to 0}(1+h)^{\frac{1}{h}}$$

そして e を底とする対数 $\log_e x$ を自然対数といい, 底を省略して単に $\log x$ と書く. するとその微分は

$$\begin{aligned}
(\log x)' &= \lim_{h\to 0}\frac{\log(x+h)-\log x}{h} && (\Leftarrow \text{微分の定義})\\
&= \lim_{h\to 0}\frac{1}{h}\log\Bigl(1+\frac{h}{x}\Bigr) && (\Leftarrow \text{対数の性質})\\
&= \frac{1}{x}\lim_{h\to 0}\frac{x}{h}\log\Bigl(1+\frac{h}{x}\Bigr) && (\Leftarrow x\ \text{で割って}\ x\ \text{を掛けた})\\
&= \frac{1}{x}\lim_{h'\to 0}\frac{1}{h'}\log(1+h') && (\Leftarrow h'=\frac{h}{x}\text{とおいた})\\
&= \frac{1}{x}\lim_{h'\to 0}\log(1+h')^{\frac{1}{h'}} && (\Leftarrow \text{対数の性質})\\
&= \frac{1}{x}\log\Bigl(\lim_{h'\to 0}(1+h')^{\frac{1}{h'}}\Bigr) && (\Leftarrow \text{対数関数の連続性})\\
&= \frac{1}{x}\log e && (\Leftarrow e\ \text{の定義})\\
&= \frac{1}{x} && (\Leftarrow \text{自然対数の定義})
\end{aligned}$$

となって

$$(\log x)' = \frac{1}{x}$$

であることがわかった.

VII.2 e^x の微分

$(e^x)' = e^x$ であることは，次のような計算で示すことができる：

$$
\begin{aligned}
(e^x)' &= \lim_{h\to 0}\frac{e^{x+h}-e^x}{h} && (\Leftarrow \text{微分の定義})\\
&= \lim_{h\to 0}\frac{e^x\cdot e^h-e^x}{h} && (\Leftarrow \text{指数法則})\\
&= e^x\lim_{h\to 0}\frac{e^h-1}{h} && (\Leftarrow \lim \text{の性質：命題 I.2 の (1)})\\
&= e^x\lim_{h'\to 1}\frac{h'-1}{\log h'}\\
&\quad (\Leftarrow e^h = h' \text{とおいた．} h\to 0 \text{ のとき } h'\to 1 \text{ であることに注意})\\
&= e^x\lim_{k\to 0}\frac{k}{\log(1+k)}\\
&\quad (\Leftarrow h'-1 = k \text{ とおいた．} h'\to 1 \text{ のとき } k\to 0 \text{ であることに注意})\\
&= e^x\lim_{k\to 0}\frac{k}{\log(1+k)-\log 1} && (\Leftarrow \log 1 = 0 \text{ だから})\\
&= e^x\lim_{k\to 0}\frac{1}{\frac{\log(1+k)-\log 1}{k}} && (\Leftarrow \text{分数計算のルール})\\
&= e^x\frac{1}{\lim_{k\to 0}\frac{\log(1+k)-\log 1}{k}} && (\Leftarrow \lim \text{の性質：命題 I.2 の (5)})\\
&= e^x\frac{1}{\lim_{k\to 0}\frac{f(1+k)-f(1)}{k}} && (\Leftarrow f(x) = \log x \text{ とおいた})\\
&= e^x\cdot\frac{1}{f'(1)} && (\Leftarrow \text{微分の定義})\\
&= e^x\cdot\frac{1}{1} && \left(\Leftarrow f'(x) = (\log x)' = \frac{1}{x}\text{であった}\right)\\
&= e^x
\end{aligned}
$$

よって

$$(e^x)' = e^x$$

である．

VIII　テイラー展開の剰余項

関数 $f(x)$ の $x=a$ におけるテイラー展開

$$f(x) = f(a) + f'(a)(x-a) + \frac{f''(a)}{2!}(x-a)^2 + \frac{f'''(a)}{3!}(x-a)^3 + \cdots$$

の右辺の「$\cdots$」の意味を深く調べるのがこの章の目標である．そのことによって「テイラー展開を用いて関数の値を求める」ことが正当化されることになる．

VIII.1　ロルの定理・平均値の定理

基本となるのは次の定理である：

定理 VIII.1 (ロル（Rolle）の定理)
関数 $f(x)$ が区間 $[a,b]$ で連続で，区間 (a,b) で微分可能であり，さらに $f(a)=f(b)$ をみたすならば

$$f'(c) = 0$$

となるような $c \in (a,b)$ が存在する．

注意．この証明は省略する．やはり関数の極限や実数の性質に関わる深い議論を必要とする本質的な定理である．

この定理から次の定理を導くことができる：

定理 VIII.2 (平均値の定理)
関数 $f(x)$ が区間 $[a,b]$ で連続で，区間 (a,b) で微分可能ならば

$$f'(c) = \frac{f(b)-f(a)}{b-a}$$

となるような $c \in (a,b)$ が存在する．

証明　$s = \dfrac{f(b)-f(a)}{b-a}$ とおき，さらに新たな関数 $g(x)$ を

$$g(x) = f(x) - sx \tag{VIII.1}$$

で定義しよう．すると $g(x)$ も区間 $[a,b]$ で連続で，区間 (a,b) で微分可能である．しかも $g(a)$ と $g(b)$ を計算してみると

$$\begin{aligned} g(a) &= f(a) - sa && (\Leftarrow g(x) \text{ の定義式 (VIII.1)}) \\ &= f(a) - \frac{f(b)-f(a)}{b-a} \cdot a && (\Leftarrow s \text{ の定義}) \\ &= \frac{f(a)(b-a) - \{f(b)-f(a)\}a}{b-a} && (\Leftarrow \text{通分した}) \\ &= \frac{f(a)b - f(b)a}{b-a} && (\Leftarrow \text{分子を整理した}) \end{aligned}$$

$$\begin{aligned} g(b) &= f(b) - sb && (\Leftarrow g(x) \text{ の定義式 (VIII.1)}) \\ &= f(b) - \frac{f(b)-f(a)}{b-a} \cdot b && (\Leftarrow s \text{ の定義}) \\ &= \frac{f(b)(b-a) - \{f(b)-f(a)\}b}{b-a} && (\Leftarrow \text{通分した}) \\ &= \frac{f(a)b - f(b)a}{b-a} && (\Leftarrow \text{分子を整理した}) \end{aligned}$$

というように，$g(a) = g(b)$ であることがわかる．したがってロルの定理によって

$$g'(c) = 0 \tag{VIII.2}$$

となるような $c \in (a,b)$ が存在する．ところが

$$\begin{aligned} g'(x) &= (f(x) - sx)' && (\Leftarrow g(x) \text{ の定義式 (VIII.1)}) \\ &= f'(x) - (sx)' && (\Leftarrow \text{微分の性質}) \\ &= f'(x) - s && (\Leftarrow (sx)' = s) \end{aligned}$$

であるから

$$\begin{aligned} g'(c) &= f'(c) - s && (\Leftarrow \text{すぐ上の計算}) \\ &= f'(c) - \frac{f(b)-f(a)}{b-a} && (\Leftarrow s \text{ の定義}) \end{aligned}$$

となる．これと (VIII.2) を合わせれば

$$f'(c) = \frac{f(b)-f(a)}{b-a}$$

となって，証明が終わる． □

定理 VIII.3

関数 $f(x)$ が次の条件をみたすとする：

(1) $f(x)$ は区間 (a,b) において 2 回微分可能.

(2) $f(x)$, $f'(x)$ は区間 $[a,b]$ において連続.

このとき

$$f(b) = f(a) + f'(a)(b-a) + \frac{f''(c)}{2!}(b-a)^2$$

となるような $c \in (a,b)$ が存在する.

証明　定数 A を

$$A = \frac{f(b) - f(a) - (b-a)f'(a)}{(b-a)^2} \tag{VIII.3}$$

で定義し，関数 $g(x)$ を，この A を用いて

$$g(x) = f(x) + f'(x)(b-x) + A(b-x)^2 \tag{VIII.4}$$

で定義する．すると

$$\begin{aligned} g(a) &= f(a) + f'(a)(b-a) + A(b-a)^2 \\ &\qquad\qquad (\Leftarrow \text{式 (VIII.4) に } x = a \text{ を代入した}) \\ &= f(a) + f'(a)(b-a) + \frac{f(b) - f(a) - (b-a)f'(a)}{(b-a)^2}(b-a)^2 \\ &\qquad\qquad (\Leftarrow A \text{ の定義式 (VIII.3)}) \\ &= f(a) + f'(a)(b-a) + \{f(b) - f(a) - (b-a)f'(a)\} \\ &\qquad\qquad (\Leftarrow \text{約分した}) \\ &= f(b) \end{aligned}$$

であり，しかも

$$g(b) = f(b) + f'(b)(b-b) + A(b-b)^2 = f(b)$$

であるから，$g(a) = g(b)$ をみたしている．さらに仮定によって，$g(x)$ は区間 $[a,b]$ で連続で，区間 (a,b) で微分可能である．よってロルの定理より

$$g'(c) = 0 \tag{VIII.5}$$

となるような $c \in (a,b)$ が存在する．ここで式 (VIII.4) より

$$
\begin{aligned}
g'(x) &= f'(x) + (f''(x)(b-x) + f'(x)\cdot(-1)) + 2A(b-x)\cdot(-1) \\
&\qquad\qquad (\Leftarrow \text{積の微分と合成関数の微分}) \\
&= f''(x)(b-x) - 2A(b-x) \\
&= (b-x)(f''(x) - 2A)
\end{aligned}
$$

であるから

$$
g'(c) = (b-c)(f''(c) - 2A) \tag{VIII.6}
$$

である．よって式 (VIII.5) と (VIII.6) から（$b-c \neq 0$ に注意）

$$
f''(c) - 2A = 0
$$

が得られるから $A = \dfrac{f''(c)}{2}$ であり，これと A の定義 (VIII.3) より

$$
\frac{f''(c)}{2} = \frac{f(b) - f(a) - (b-a)f'(a)}{(b-a)^2},
$$

となる．この両辺に $(b-a)^2$ を掛けて移項すれば

$$
f(b) = f(a) + f'(a)(b-a) + \frac{f''(c)}{2!}(b-a)^2
$$

であることがわかり，証明が終わる． □

この定理を一般化したものが次の定理である：

定理 VIII.4

関数 $f(x)$ が次の条件をみたすとする：

(1) $f(x)$ は区間 (a,b) において $n+1$ 回微分可能．

(2) $f(x), f'(x), \cdots, f^{(n)}(x)$ は区間 $[a,b]$ において連続．

このとき

$$
f(b) = f(a) + \sum_{k=1}^{n} \frac{f^{(k)}(a)}{k!}(b-a)^k + \frac{f^{(n+1)}(c)}{(n+1)!}(b-a)^{n+1}
$$

となるような $c \in (a,b)$ が存在する．とくに任意の $x \in (a,b)$ に対して

$$
f(x) = f(a) + \sum_{k=1}^{n} \frac{f^{(k)}(a)}{k!}(x-a)^k + \frac{f^{(n+1)}(c)}{(n+1)!}(x-a)^{n+1} \tag{VIII.7}
$$

となるような $c \in (a,x)$ が存在する．

証明はこの定理の $n=1$ の場合にあたる定理 VIII.3 の証明とほぼ同様にできるので省略する．これを「剰余項付きのテイラー展開」という．実際にテイラー展開を用いていろいろな関数の値を正確に求めるときの論拠となる．

定理 VIII.5
関数 e^x は $x=0$ においてテイラー展開可能であり，その収束半径は ∞ である．すなわち

$$e^x = 1 + x + \frac{x^2}{2!} + \frac{x^3}{3!} + \cdots$$

というベキ級数で表すことができ，右辺は任意の実数 x に対して e^x に収束する．

証明 $f(x)=e^x$ とおくと $f'(x)=e^x$ であるから，その n 階微分も $f^{(n)}(x)=e^x$ であり，実数全体において連続である．したがって，定理 VIII.4 において，$a=0$，b を任意の正の実数，としたときに，その仮定 (1)，(2) がみたされており，その結論の等式 (VIII.7) が成り立つ．よって

$$f(x) = f(0) + \sum_{k=1}^{n-1} \frac{f^{(k)}(0)}{k!}x^k + \frac{f^{(n)}(c)}{n!}x^n \tag{VIII.8}$$

となるような $c \in (0,x)$ が存在する．（$\Leftarrow$ 等式 (VIII.7) の n を一つ減らしてももちろん成り立っている．このほうが以下の説明につながりやすい．）さらに $f(x)=e^x$ のすべての微分は e^x であるから，等式 (VIII.8) は

$$e^x = 1 + \sum_{k=1}^{n-1} \frac{x^k}{k!} + \frac{e^c x^n}{n!}$$

となる．この右辺の剰余項「$\dfrac{e^c x^n}{n!}$」を評価するためにはスターリングの公式 (Stirling's formula) と呼ばれる次の近似式を用いる：

$$n! \approx \frac{n^n}{e^n}\sqrt{2\pi n}$$

ここで，記号「$\approx$」は両辺の比の極限が 1 だということ，すなわち

$$\lim_{n\to\infty} \frac{n!}{(n^n/e^n)\sqrt{2\pi n}} = 1 \tag{VIII.9}$$

であることを意味している．すると n が ex よりも大きければ $x < \dfrac{n}{e}$ となるか

ら，以下の不等式が得られる：

$$\begin{aligned}
0 < \frac{e^c x^n}{n!} &< \frac{e^c (n/e)^n}{n!} \\
&= \frac{e^c n^n}{n! e^n} \frac{\sqrt{2\pi n}}{1} \frac{1}{\sqrt{2\pi n}} \qquad (\Leftarrow \text{(VIII.9) を使うための変形}) \\
&= \frac{e^c}{\frac{n!}{(n^n/e^n)\sqrt{2\pi n}}} \frac{1}{\sqrt{2\pi n}} \qquad (\Leftarrow \text{(VIII.9) を使うための変形})
\end{aligned}$$

ここで各辺の極限を取れば

$$\begin{aligned}
0 &\le \lim_{n\to\infty} \frac{e^c x^n}{n!} \\
&\le \lim_{n\to\infty} \left(\frac{e^c}{\frac{n!}{(n^n/e^n)\sqrt{2\pi n}}} \frac{1}{\sqrt{2\pi n}} \right) \\
&= \frac{e^c}{\lim_{n\to\infty} \frac{n!}{(n^n/e^n)\sqrt{2\pi n}}} \lim_{n\to\infty} \frac{1}{\sqrt{2\pi n}} \\
&= \frac{e^c}{1} \lim_{n\to\infty} \frac{1}{\sqrt{2\pi n}} \qquad (\Leftarrow \text{(VIII.9) より}) \\
&= 0
\end{aligned}$$

となる．したがって剰余項が任意の実数 x に対して 0 に収束することが示されて，証明が完成する． □

注意．$\sin x$ も $\cos x$ もテイラー展開可能で，その収束半径は ∞ であることが，ほぼ上と同様に証明できる．実際，剰余項の絶対値が $\dfrac{|\sin c|}{n!}x^n$ か，$\dfrac{|\cos c|}{n!}x^n$ となって，$\dfrac{1}{n!}x^n$ で押さえられるから，並行した証明が可能なのである．一方 $\log x$ の収束半径は 1 であることも知られている．

第三部　微分積分学の誕生

ニュートンとライプニッツが微積分学を創始した，とされるが，実際にどのように基本的な定理の発見に至ったか，という道筋をたどって行きたい．以下の 2 つを参考にした：

[1] Cambridge Digital Library
(http://cudl.lib.cam.ac.uk/view/MS-ADD-03958/1)

[2] Gottfried Wilhelm Leibniz Bibliothek
(http://www.gwlb.de/Leibniz/Leibnizarchiv/Veroeffentlichungen
/VII3A.pdf)

特に [1] はニュートンの手書きの原稿をそのままディジタル化したもので，魅力にあふれる貴重な資料である．

A　一般二項展開

高校の「数学 II」で学習する二項定理が，ニュートンによる「一般二項展開」の発見を促し，さらには微積分学のその後の発展の礎となった．その一端に触れるのがここの目標である．

A.1　二項定理から一般二項展開へ

n が正の整数のとき，$(a+b)^n$ が

$$(a+b)^n = {}_n\mathrm{C}_0 a^n + {}_n\mathrm{C}_1 a^{n-1}b + {}_n\mathrm{C}_2 a^{n-2}b^2 + \cdots + {}_n\mathrm{C}_{n-1} ab^{n-1} + {}_n\mathrm{C}_n b^n$$

というように展開される，というのが二項定理である．ここで各項の係数 ${}_n\mathrm{C}_0, {}_n\mathrm{C}_1, \cdots, {}_n\mathrm{C}_{n-1}, {}_n\mathrm{C}_n$ は「二項係数」とよばれ，次のように定義される：

$$\begin{aligned} {}_n\mathrm{C}_0 &= 1, \\ {}_n\mathrm{C}_1 &= \frac{n}{1} = n, \\ {}_n\mathrm{C}_2 &= \frac{n(n-1)}{2\cdot 1} = \frac{n(n-1)}{2}, \\ {}_n\mathrm{C}_3 &= \frac{n(n-1)(n-2)}{3\cdot 2\cdot 1} = \frac{n(n-1)(n-2)}{6} \end{aligned}$$

一般には，1 以上 n 以下の整数 k に対して

$${}_n\mathrm{C}_k = \frac{n(n-1)(n-2)\cdots(n-k+1)}{k!} \tag{A.1}$$

と表される．したがって $a=1$，$b=x$ のとき二項定理は

$$(1+x)^n = 1 + \frac{n}{1}x + \frac{n(n-1)}{2\cdot 1}x^2 + \frac{n(n-1)(n-2)}{3!}x^2 + \cdots \tag{A.2}$$

となる．この二項定理が，n が分数や負の数のときにどのように一般化されるか，という問題に魅せられたニュートンが発見した答は

「同じ式でよい」

というものである．たとえば $n=\dfrac{1}{2}$ の場合なら式 (A.2) の n のところを全部 $\dfrac{1}{2}$ で置き換えた式

$$(1+x)^{\frac{1}{2}}=1+\frac{\frac{1}{2}}{1}x+\frac{\frac{1}{2}(\frac{1}{2}-1)}{2\cdot 1}x^2+\frac{\frac{1}{2}(\frac{1}{2}-1)(\frac{1}{2}-2)}{3!}x^3+\cdots \quad \text{(A.3)}$$

が成り立つ，というものである．したがって右辺の係数を計算して

$$(1+x)^{\frac{1}{2}}=1+\frac{1}{2}x-\frac{1}{8}x^2+\frac{1}{16}x^3-\frac{5}{128}x^4+\cdots \quad \text{(A.4)}$$

となる．このように一般には無限級数になることは注意が必要である．一方式 (A.2) で $n=-1$ とおいてみると

$$\begin{aligned}(1+x)^{-1}&=1+\frac{-1}{1}x+\frac{-1(-1-1)}{2\cdot 1}x^2+\frac{-1(-1-1)(-1-2)}{3!}x^2+\cdots\\&=1-x+x^2-x^3+\cdots \qquad (\Leftarrow \text{すべての係数が約分される！})\end{aligned}$$

という式が得られるが，ここで x に $-r$ を代入すると

$$(1-r)^{-1}=1+r+r^2+r^3+\cdots$$

となって，数学 III で学習する「初項 1，公比 r の無限等比級数の和の公式」も生み出す．改めて定理として述べると次のようになる：

定理 A.1 (一般二項展開)
n が任意の実数のとき

$$(1+x)^n=1+\frac{n}{1}x+\frac{n(n-1)}{2\cdot 1}x^2+\frac{n(n-1)(n-2)}{3!}x^2+\cdots$$

が成り立つ．

要するになじみ深い二項定理がどんな実数 n についても成り立つ，と覚え直せば良い．その応用の広さは無限大である．

B　ニュートンによる三角関数の展開

三角関数 $\sin x$，$\cos x$ や逆三角関数 $\arcsin x$ のテイラー展開に当たる式を，ニュートンがどのようにして発見したか，という道筋をたどるのがこの章の目標である．

$\sin x$ の微分が $\cos x$ であることや，逆関数の微分法をすでに知っている私たちからすれば意外なことだが，彼は

$$\arcsin x\ \text{の展開} \to \sin x\ \text{の展開} \to \cos x\ \text{の展開}$$

という順序で求めていった．

B.1　$\arcsin x$ の展開

下図を参照しながら話を進めていこう．外側の円の半径は 1 である：

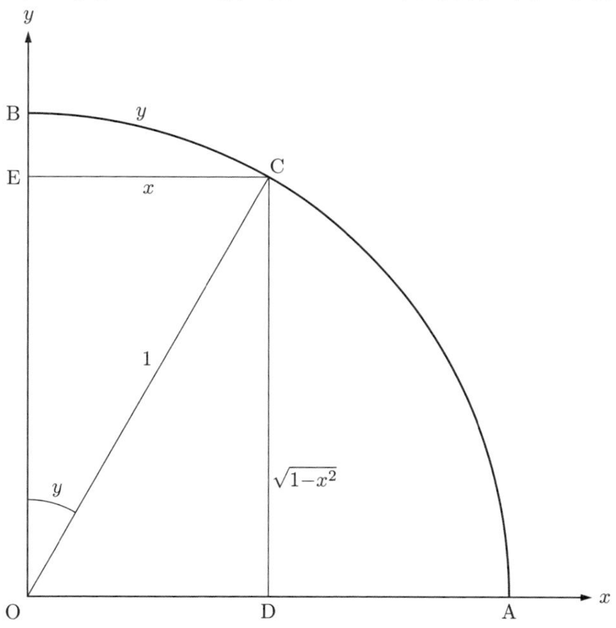

円周上に $\angle\mathrm{BOC} = y$ となる点 C をとり，C から線分 OA，線分 OB に下ろした垂線の足をそれぞれ D，E とする．そして $\mathrm{EC} = x$ とおくと，$x = \sin y$ が成り立っている．したがって $y = \arcsin x$ である．さらに円弧 BC の長さは円周全体の長さ 2π の $\dfrac{y}{2\pi}$ 倍だから，ちょうど y であることにも注意しておく．またピタゴラスの定理により，$\mathrm{CD} = \sqrt{1-x^2}$ である．以下

$$\text{扇形 BOC の面積} = \text{BODC の面積} - \triangle\text{OCD の面積} \tag{B.1}$$

という等式を利用して計算していく．まず左辺は円全体の面積 $\pi \cdot 1^2 = \pi$ の $\dfrac{y}{2\pi}$ 倍だから

$$\text{扇形 BOC の面積} = \frac{y}{2}$$

である．また右辺については

$$\text{BODC の面積} = \int_0^x \sqrt{1-x^2}dx,$$
$$\triangle\text{OCD の面積} = \frac{1}{2}x\sqrt{1-x^2}$$

したがって式 (B.1) に代入して

$$\frac{y}{2} = \int_0^x \sqrt{1-x^2}dx - \frac{1}{2}x\sqrt{1-x^2}$$

となり，両辺を 2 倍して

$$y = 2\int_0^x \sqrt{1-x^2}dx - x\sqrt{1-x^2} \tag{B.2}$$

という等式が得られた．この右辺に「$\sqrt{1-x^2}$」が 2 度登場するが，ここに「一般二項展開」が威力を発揮する．第 A 章の式 (A.4) の「x」を「$-x^2$」で置き換えると

$$\sqrt{1-x^2} = (1-x^2)^{\frac{1}{2}} = 1 - \frac{1}{2}x^2 - \frac{1}{8}x^4 - \frac{1}{16}x^6 - \frac{5}{128}x^8 - \cdots \tag{B.3}$$

となり，したがって両辺に x を掛けると

$$x\sqrt{1-x^2} = x - \frac{1}{2}x^3 - \frac{1}{8}x^5 - \frac{1}{16}x^7 - \frac{5}{128}x^9 - \cdots \tag{B.4}$$

一方で式 (B.3) の両辺を x で積分すると

$$\int_0^x \sqrt{1-x^2}dx = x - \frac{1}{6}x^3 - \frac{1}{40}x^5 - \frac{1}{112}x^7 - \frac{5}{1152}x^9 - \cdots \tag{B.5}$$

となる．よって式 (B.2) の右辺が

$$\begin{aligned}
&2\int_0^x \sqrt{1-x^2}dx - x\sqrt{1-x^2}\\
&= 2\Big(x - \frac{1}{6}x^3 - \frac{1}{40}x^5 - \frac{1}{112}x^7 - \frac{5}{1152}x^9 - \cdots\Big)\\
&\quad -\Big(x - \frac{1}{2}x^3 - \frac{1}{8}x^5 - \frac{1}{16}x^7 - \frac{5}{128}x^9 - \cdots\Big)\\
&\qquad\qquad\qquad\qquad (\Leftarrow \text{式 (B.5) と (B.4) を代入した})\\
&= x + \frac{1}{6}x^3 + \frac{3}{40}x^5 + \frac{5}{112}x^7 + \frac{35}{1152}x^9 + \cdots
\end{aligned}$$

そして $y = \arcsin x$ であったから，式 (B.2) より

$$y = \arcsin x = x + \frac{1}{6}x^3 + \frac{3}{40}x^5 + \frac{5}{112}x^7 + \frac{35}{1152}x^9 + \cdots \tag{B.6}$$

という $\arcsin x$ の展開が得られた．

B.2　$\sin x$ の展開

ニュートンはここから $x = \sin y$ の展開を求めるために式 (B.6) の右辺の x に

$$x = y + a_2y^2 + a_3y^3 + a_4y^4 + a_5y^5 + \cdots$$

を代入して未定係数法で $a_2, a_3, a_4, a_5 \cdots$ を決めていく，という手段を使う．その際 x^3，x^5 の計算が必要となるが，順にやっていくと

$$\begin{aligned}
x^2 &= (y + a_2y^2 + a_3y^3 + a_4y^4 + \cdots)^2 \\
&= y^2 + 2a_2y^3 + (a_2^2 + 2a_3)y^4 + (2a_2a_3 + 2a_4)y^5 + \cdots, \\
x^3 &= x^2 \cdot x \\
&= (y^2 + 2a_2y^3 + (a_2^2 + 2a_3)y^4 + (2a_2a_3 + 2a_4)y^5 + \cdots) \\
&\quad \times(y + a_2y^2 + a_3y^3 + a_4y^4 + \cdots) \\
&= y^3 + 3a_2y^4 + (3a_2^2 + 3a_3)y^5 + \cdots, \\
x^4 &= x^3 \cdot x \\
&= (y^3 + 3a_2y^4 + (3a_2^2 + 3a_3)y^5 + \cdots) \\
&\quad \times(y + a_2y^2 + a_3y^3 + a_4y^4 + \cdots) \\
&= y^4 + 4a_2y^5 + \cdot, \\
x^5 &= x^4 \cdot x \\
&= (y^4 + 4a_2y^5 + \cdot) \\
&\quad \times(y + a_2y^2 + a_3y^3 + a_4y^4 + \cdots) \\
&= y^5 + \cdots
\end{aligned}$$

これらを式 (B.6) の右辺に代入すると

$$\begin{aligned}
&x + \frac{1}{6}x^3 + \frac{3}{40}x^5 + \cdots \\
&= (y + a_2y^2 + a_3y^3 + a_4y^4 + a_5y^5 + \cdots) \\
&\quad + \frac{1}{6}(y^3 + 3a_2y^4 + (3a_2^2 + 3a_3)y^5 + \cdots) \\
&\quad + \frac{3}{40}(y^5 + \cdots) \\
&= y + a_2y^2 + (a_3 + \frac{1}{6})y^3 + (a_4 + \frac{1}{2}a_2)y^4 \\
&\quad + (a_5 + \frac{1}{2}(a_2^2 + a_3) + \frac{3}{40})y^5 + \cdots
\end{aligned}$$

となり，これが式 (B.6) の左辺 y と一致するのだから，係数を比較して

$$\begin{cases} a_2 = 0, \\ a_3 + \dfrac{1}{6} = 0, \\ a_4 + \dfrac{1}{2}a_2 = 0, \\ a_5 + \dfrac{1}{2}(a_2^2 + a_3) + \dfrac{3}{40} = 0 \end{cases}$$

という連立方程式を得る．これは順に上から解くことができて

$$\begin{cases} a_2 = 0, \\ a_3 = -\dfrac{1}{6}, \\ a_4 = 0, \\ a_5 = -\dfrac{1}{2} \cdot (-\dfrac{1}{6}) - \dfrac{3}{40} = \dfrac{1}{120} \end{cases}$$

よって

$$\sin y = y - \frac{1}{6}y^3 + \frac{1}{120}y^5 + \cdots$$

という $\sin y$ の展開が得られる．y を x で置き換えれば

$$\sin x = x - \frac{1}{6}x^3 + \frac{1}{120}x^5 + \cdots \tag{B.7}$$

$$= x - \frac{1}{3!}x^3 + \frac{1}{5!}x^5 + \cdots \tag{B.8}$$

というおなじみの $\sin x$ のテイラー展開の式である．

B.3　$\cos x$ の展開

では $\cos x$ の展開はどのようにして求めたのだろうか．$\sin x$ の微分が $\cos x$ であることを知っている私たちにとっては式 (B.7) を微分すればよいと考えるが，ニュートンはそうせずに

「$\cos x = \sqrt{1 - \sin^2 x}$」の右辺に式 (B.7) を代入する

のである．ここでも一般二項展開から得られた式 (B.3) が活躍し，その x のところに式 (B.7) を代入すると

$$\begin{aligned} \sqrt{1 - \sin^2 x} &= 1 - \frac{1}{2}(x - \frac{1}{6}x^3 + \frac{1}{120}x^5 + \cdots)^2 \\ &\quad - \frac{1}{8}(x - \frac{1}{6}x^3 + \frac{1}{120}x^5 + \cdots)^4 - \cdots \\ &= 1 - \frac{1}{2}x^2 + \frac{1}{24}x^4 - \cdots \\ &= 1 - \frac{1}{2!}x^2 + \frac{1}{4!}x^4 - \cdots \end{aligned}$$

というおなじみの $\cos x$ の展開が得られるのである！

C　ニュートンによる $\log 1.1$ の計算

$f(x)=\log(1+x)$ とおくと，$f(x)$ は $a=0$，$b=+\infty$ として定理 (VIII.4) の仮定をみたしているから，式 (VIII.7) が成り立つことになる．そこで $f(x)$ を何回も微分していくと

$$
\begin{aligned}
f^{(0)}(x) &= f(x) = \log(1+x),\\
f^{(1)}(x) &= f'(x) = \frac{1}{1+x},\\
f^{(2)}(x) &= f''(x) = \left(\frac{1}{1+x}\right)' = -\frac{1}{(1+x)^2},\\
f^{(3)}(x) &= f'''(x) = \left(-\frac{1}{(1+x)^2}\right)' = \frac{2}{(1+x)^3},\\
&\cdots\cdots\cdots,\\
f^{(n)}(x) &= (-1)^{n-1}\frac{(n-1)!}{(1+x)^n},\\
f^{(n+1)}(x) &= (-1)^n\frac{n!}{(1+x)^{n+1}}
\end{aligned}
$$

となる．したがって $x=0$ とおくと

$$
\begin{aligned}
f^{(0)}(0) &= \log 1 = 0,\\
f^{(1)}(0) &= 1,\\
f^{(2)}(0) &= -1,\\
f^{(3)}(0) &= 2,\\
&\cdots\cdots\cdots,\\
f^{(n)}(0) &= (-1)^{n-1}(n-1)!,\\
f^{(n+1)}(0) &= (-1)^n n!
\end{aligned}
$$

であることがわかる．よって式 (VIII.7) で $a=0$ とおいた式が

$$
f(x)=\sum_{k=1}^{n}\frac{(-1)^{k-1}(k-1)!}{k!}x^k+\frac{\frac{(-1)^n n!}{(1+c)^{n+1}}}{(n+1)!}x^{n+1}
$$

となり，よって

$$
\log(1+x)=\sum_{k=1}^{n}\frac{(-1)^{k-1}}{k}x^k+\frac{(-1)^n}{n+1}\left(\frac{1}{1+c}\right)^{n+1}x^{n+1} \qquad \text{(C.1)}
$$

という「$\log(1+x)$ の剰余項付きの $x=0$ におけるテイラー展開」が得られた．

式 (C.1) で $x=0.1$ とおくと，c は条件 $c\in(0,0.1)$ すなわち不等式 $0<c<0.1$ をみたす定数である．したがって $1<1+c$ が成り立っており

$$
\left(\frac{1}{1+c}\right)^{n+1}x^{n+1}=\left(\frac{0.1}{1+c}\right)^{n+1}<\left(\frac{0.1}{1}\right)^{n+1}=\frac{1}{10^{n+1}}
$$

となっているから，式 (C.1) の剰余項について

$$\left|\frac{(-1)^n}{n+1}\left(\frac{1}{1+c}\right)^{n+1}x^{n+1}\right| < \frac{1}{(n+1)\cdot 10^{n+1}} < \frac{1}{10^{n+1}} \tag{C.2}$$

という不等式が成り立つことがわかる．すなわち

「log 1.1 をテイラー展開を用いて第 n 項まで計算すると
その真の値との誤差は $\dfrac{1}{10^{n+1}}$ 未満である」

ことがわかった．したがって例えば式 (C.1) の右辺で $x = 0.1$ とおいて x^3 の項まで計算すると

$$0.1 - \frac{0.1^2}{2} + \frac{0.1^3}{3} = 0.1 - 0.005 + 0.000333\cdots = 0.095333\cdots$$

となるが，この値の小数第 3 位までが（少なくとも）正しいということが保証されるのである．実際は

$$\log 1.1 = 0.0953101798\cdots$$

であり，確かに小数第 4 位まで正しい．

ところが驚くことに，ニュートンは式 (C.1) を $x = 0.1$ とおいて x^{52} の項まで計算している．その際符号が「+」となる x の奇数乗の項の和と，符号が「−」となる x の偶数乗の項の和を別々に次のような 2 つの表（図 1，図 2）にして計算している．図 1 は第 1 行が $\dfrac{0.1}{1}$，第 2 行が $\dfrac{0.1^3}{3}$，第 3 行が $\dfrac{0.1^5}{5}, \cdots$ となっており，さらに折れ線の左側にそこまでの行の総和が書かれている．一方，図 2 は第 1 行が $\dfrac{0.1^2}{2}$，第 2 行が $\dfrac{0.1^4}{4}$，第 3 行が $\dfrac{0.1^6}{6}, \cdots$ となっており，さらに折れ線の左側にそこまでの行の総和が書かれている．

0.10000, 00000, 00000, 00000, 00000, 00000, 00000, 00000, 00000, 00000, 00000
0.10033, 33333, 33333, 33333, 33333, 33333, 33333, 33333, 33333, 33333, 33333
33, 20000, 00000, 00000, 00000, 00000, 00000, 00000, 00000, 00000, 00000
53142, 85714, 28571, 42857, 14285, 71428, 57142, 85714, 28571, 42857
471, 11111, 11111, 11111, 11111, 11111, 11111, 11111, 11111, 11111
7, 31909, 09090, 90909, 09090, 90909, 09090, 90909, 09090, 90909
077, 69230, 76923, 07692, 30769, 23076, 92307, 69230, 76923
5, 56666, 66666, 66666, 66666, 66666, 66666, 66666, 66666
8058, 82352, 94117, 64705, 88235, 29411, 76470, 58823
63, 52631, 57894, 73684, 21052, 63157, 89473, 64821
57476, 19047, 61904, 76190, 47619, 04761, 90476
264, 34782, 60869, 56521, 73913, 04347, 82608
5, 54000, 00000, 00000, 00000, 00000, 00000
2037, 03703, 70370, 37037, 03703, 70370
60, 34482, 75862, 06896, 55172, 41379
11322, 58064, 51612, 90322, 58064
893, 03030, 30303, 03030, 30303
4, 51857, 14285, 71428, 57142
2627, 02702, 70270, 27027
33, 25641, 02564, 10256
62243, 90243, 90243
862, 32558, 13953
9, 12222, 22222
4521, 27659
95, 20408
91196
431

図 1

0, 00500, 00000, 00000, 00000, 00000, 00000, 00000, 00000, 00000, 00000, 00000
0, 00502, 50000, 00000, 00000, 00000, 00000, 00000, 00000, 00000, 00000, 00000
2, 51666, 66666, 66666, 66666, 66666, 66666, 66666, 66666, 66666, 66666
1612, 50000, 00000, 00000, 00000, 00000, 00000, 00000, 00000, 00000
79, 10000, 00000, 00000, 00000, 00000, 00000, 00000, 00000, 00000
26783, 33333, 33333, 33333, 33333, 33333, 33333, 33333, 33333
50, 71428, 57142, 85714, 28571, 42857, 14285, 71428, 57142
72625, 00000, 00000, 00000, 00000, 00000, 00000, 00000
055, 55555, 55555, 55555, 55555, 55555, 55555, 55555
9, 15000, 00000, 00000, 00000, 00000, 00000, 00000
7745, 45454, 54545, 45454, 54545, 45454, 54545
44, 41666, 66666, 66666, 66666, 66666, 66666
28384, 61538, 46153, 84615, 38461, 53846
773, 57142, 85714, 28571, 42857, 14285
9, 23333, 33333, 33333, 33333, 33333
7331, 25000, 00000, 00000, 00000
85, 29411, 76470, 58823, 52941
30277, 77777, 77777, 77777
422, 63157, 89473, 68421
7, 52500, 00000, 00000
7523, 80952, 38095
03, 22727, 27272
83217, 39134
732, 08333
1, 42000
9319
63

図 2

そして図 1 の総和から図 2 の総和を引いて log 1.1 の値が

$$0.09531, 01798, 04324, 86004, 39521, 23280, \underline{84}509, 22206, 05365, 30864, 42067$$

であると述べている．しかし，手元のパソコンで計算してみると実は

$$0.09531, 01798, 04324, 86004, 39521, 23280, \underline{76}509, 22206, 05365, 30864, 41991$$

であり，小数第 31 位と小数第 32 位が

ニュートンは「84」，正しくは「76」

というように一見間違っているようにみえるのだが，ニュートンの手書きをよく目を凝らしてみると，その「84」のすぐ上に「-8」と書いてあり，彼が検算して正しい値に直していたことにもう 1 度驚かされる．

D　差分と和分

微分と積分の離散版といえる「差分と和分」を導入し，その両者の関係からライプニッツが「微積分学の基本定理」を発見していく道筋をたどるのがこの章の目標である．

D.1　差分

定義 D.1
関数 $f(x)$ に対して $f(x+1)-f(x)$ で定義される関数を「$f(x)$ の差分」といい，$\Delta f(x)$ と表す：

$$\Delta f(x) = f(x+1) - f(x)$$

これは微分を定義する式

$$f'(x) = \lim_{h \to 0} \frac{f(x+h) - f(x)}{h}$$

の右辺において

「極限を取らずに $h=1$ とおいた」

ものであり，「微分の離散版」といえることに注意しよう．例えば，$f(x) = x^2$ のときは

$$\begin{aligned} \Delta f(x) &= f(x+1) - f(x) && (\Leftarrow \Delta f(x) \text{ の定義}) \\ &= (x+1)^2 - x^2 && (\Leftarrow f(x) \text{ の定義}) \\ &= 2x + 1 \end{aligned}$$

である．差分については，次で定義される関数が大事な役割をはたすことになる：

定義 D.2
正の整数 n に対して

$$x^{\underline{n}} = x(x-1)(x-2)\cdots(x-n+1) \tag{D.1}$$

と定義する．さらに

$$x^{\underline{0}} = 1 \tag{D.2}$$

と定義する．

いくつかの n について計算してみると

$$x^{\underline{1}} = x \tag{D.3}$$
$$x^{\underline{2}} = x(x-1) \tag{D.4}$$
$$x^{\underline{3}} = x(x-1)(x-2) \tag{D.5}$$
$$x^{\underline{4}} = x(x-1)(x-2)(x-3) \tag{D.6}$$

というようになり，一般に

「$x^{\underline{n}}$ は x の n 次式である」

ということは頭に入れておくといい．

注意．これはカペリ（Capelli）によって19世紀の終わり頃に導入された記法であり，クヌス（Knuth）はその著書「Concrete Mathematics」において，「$x^{\underline{n}}$」を「x to the n falling」と読むことを提案している．英語では x の普通の n 乗 x^n を「x to the n-th」と読むのだが，そのあとに「falling」（降下，減少）という修飾語をつけたのである．したがって日本語では普通の階乗との類似もふまえて「x の n 階乗」とでも読むのが適切かもしれない．

この「$x^{\underline{n}}$」は差分に関して次のようにわかりやすい性質をもっている：

命題 D.3
任意の正の整数 n に対して

$$\Delta(x^{\underline{n}}) = nx^{\underline{n-1}}$$

が成り立つ．

証明 $n=1$ のときは

$$\begin{aligned}\Delta(x^{\underline{1}}) &= \Delta(x) && (\Leftarrow \text{式 (D.3)})\\ &= (x+1)-x && (\Leftarrow \Delta \text{ の定義})\\ &= 1\\ &= 1\cdot x^{\underline{0}} && (\Leftarrow x^{\underline{0}} \text{ の定義 (D.2)})\end{aligned}$$

$n=2$ のときは

$$\begin{aligned}\Delta(x^{\underline{2}}) &= \Delta(x(x-1)) && (\Leftarrow \text{式 (D.4)})\\ &= (x+1)x-x(x-1) && (\Leftarrow \Delta \text{ の定義})\\ &= 2x\\ &= 2x^{\underline{1}} && (\Leftarrow x^{\underline{1}} \text{ の定義 (D.3)})\end{aligned}$$

$n=3$ のときは

$$\begin{aligned}\Delta(x^{\underline{3}}) &= \Delta(x(x-1)(x-2)) && (\Leftarrow \text{式 (D.5)})\\ &= (x+1)x(x-1)-x(x-1)(x-2) && (\Leftarrow \Delta \text{ の定義})\\ &= \{(x+1)-(x-2)\}x(x-1) && (\Leftarrow \text{因数分解した})\\ &= 3x^{\underline{2}} && (\Leftarrow x^{\underline{2}} \text{ の定義 (D.4)})\end{aligned}$$

というように成り立っている．一般の n に対しても

$$\begin{aligned}&\Delta(x^{\underline{n}})\\ &= \Delta(x(x-1)(x-2)\cdots(x-n+1)) && (\Leftarrow \text{式 (D.1)})\\ &= (x+1)x(x-1)\cdots(x-n+2)-x(x-1)(x-2)\cdots(x-n+1)\\ &&& (\Leftarrow \Delta \text{ の定義})\\ &= \{(x+1)-(x-n+1)\}x(x-1)\cdots(x-n+2)\\ &&& (\Leftarrow \text{因数分解した})\\ &= nx^{\underline{n-1}} && (\Leftarrow x^{\underline{1}} \text{ の定義 (D.3)})\end{aligned}$$

となり，証明が終わる． □

注意．普通の微分の公式「$\dfrac{d}{dx}(x^n)=nx^{n-1}$」と全く同じ形をしていることに注意してほしい．$x^n$ を $x^{\underline{n}}$ で置き換えれば差分の公式になるということで，新しく覚え直す必要がないのがよいところである．

では負の数乗についても微分の公式がそのまま成り立つように「$x^{\underline{-n}}$」を定義するにはどうしたらよいか．その答は次で与えられる：

定義 D.4
正の整数 n に対して

$$x^{\underline{-n}} = \frac{1}{x(x+1)(x+2)\cdots(x+n-1)} \tag{D.7}$$

と定義する.

早速差分してみよう. $n=1$ のときは

$$\begin{aligned}
\Delta(x^{\underline{-1}}) &= \Delta(\frac{1}{x}) && (\Leftarrow \text{式 (D.7) の } n=1 \text{ の場合}) \\
&= \frac{1}{x+1} - \frac{1}{x} && (\Leftarrow \Delta \text{ の定義}) \\
&= -\frac{1}{x(x+1)} && (\Leftarrow \text{通分した}) \\
&= (-1)\cdot x^{\underline{-2}} && (\Leftarrow \text{式 (D.7) の } n=2 \text{ の場合})
\end{aligned}$$

$n=2$ のときは

$$\begin{aligned}
\Delta(x^{\underline{-2}}) &= \Delta(\frac{1}{x(x+1)}) && (\Leftarrow \text{式 (D.7) の } n=2 \text{ の場合}) \\
&= \frac{1}{(x+1)(x+2)} - \frac{1}{x(x+1)} && (\Leftarrow \Delta \text{ の定義}) \\
&= -\frac{2}{x(x+1)(x+2)} && (\Leftarrow \text{通分した}) \\
&= (-2)\cdot x^{\underline{-3}} && (\Leftarrow x^{\underline{-n}} \text{ の定義 (D.7) の } n=3 \text{ の場合})
\end{aligned}$$

さらに一般の n に対しても同様に証明できる. したがって微分のときと全く同じ形の公式が差分の場合でも成り立つことがわかった. その形で命題としてまとめておこう:

命題 D.5
任意の整数 n に対して

$$\Delta(x^{\underline{n}}) = nx^{\underline{n-1}}$$

が成り立つ.

D.2　和分

微積分学では「微分すると $f(x)$ になる関数」のことを「$f(x)$ の（不定）積分」といい，$\int f(x)dx$ と書くのであった．これと並行して次のように定義する：

> **定義 D.6**
> 差分すると $f(x)$ になる関数を「$f(x)$ の和分」といい，$\Sigma f(x)$ と表す．

例えば $\Delta(x^2) = 2x + 1$ であったから $\Sigma(2x+1) = x^2$ であり，$\Delta(x^{\underline{2}}) = 2x^{\underline{1}}$ であったから $\Sigma(2x^{\underline{1}}) = x^{\underline{2}}$ である．ここで注意を要するのは

「和分は一通りには決まらない」

ということである．というのは，定数関数 $g(x) = C$ の差分は $\Delta(g(x)) = g(x+1) - g(x) = C - C = 0$ となるから，$\Delta(F(x)) = f(x)$ となるような関数 $F(x)$ があったら

$$\begin{aligned}\Delta(F(x) + C) &= \Delta F(x) + \Delta(C) \\ &= f(x) + 0 \\ &= f(x)\end{aligned}$$

が成り立つから $F(x) + C$ も $f(x)$ の和分であることになる．したがって上であげた例は

$$\begin{aligned}\Sigma(2x+1) &= x^2 + C \\ \Sigma(2x^{\underline{1}}) &= x^{\underline{2}} + C\end{aligned}$$

と書くのがより正確であることがわかる．

注意．これも，たとえば $2x$ の不定積分は

$$\int 2xdx = x^2 + C$$

と書かれるのと並行した現象である．

ここで前節の命題 D.5 から

$$\Delta\left(\frac{x^{\underline{n+1}}}{n+1}\right) = x^{\underline{n}}$$

であることがわかるから，次の和分の公式が得られる：

命題 D.7
任意の整数 n に対して

$$\Sigma(x^{\underline{n}}) = \frac{x^{\underline{n+1}}}{n+1} + C$$

が成り立つ.

注意. これも x^n の積分の公式 $\displaystyle\int x^n dx = \frac{x^{n+1}}{n+1} + C$ と全く同じ形をしている.

D.3　和分と数列の和

関数 $f(x)$ に対して，関数 $F(x)$ を

$$F(x) = f(0) + f(1) + f(2) + \cdots + f(x-1) \tag{D.8}$$

というように定義すると，その差分は

$$\begin{aligned}\Delta F(x) &= F(x+1) - F(x) \quad (\Leftarrow \Delta \text{ の定義}) \\ &= \{f(0) + f(1) + f(2) + \cdots + f(x)\} \\ &\qquad -\{f(0) + f(1) + f(2) + \cdots + f(x-1)\} \\ &\qquad\qquad (\Leftarrow F(x) \text{ の定義式 (D.8)}) \\ &= f(x)\end{aligned}$$

となって $f(x)$ に等しいから $F(x)$ は $f(x)$ の和分（の 1 つ）であり，したがって

$$\Sigma f(x) = \sum_{k=0}^{x-1} f(k) + C \tag{D.9}$$

であることがわかる．つまり

「和分とは数列の和のことである」　(D.10)

と言っていい．したがって $a < b$ のような整数の組に対して

$$\begin{aligned}\Sigma f(b) - \Sigma f(a) &= (\sum_{k=0}^{b-1} f(k) + C) - (\sum_{k=0}^{a-1} f(k) + C) \quad (\Leftarrow \text{式 (D.9)}) \\ &= f(a) + f(a+1) + f(a+2) + \cdots + f(b-1) \\ &= \sum_{x=a}^{b-1} f(k)\end{aligned}$$

が成り立つ．よって次の命題が得られた：

命題 D.8
関数 $f(x)$ に対して，その和分の 1 つを $F(x)$ とすると，$a<b$ のような整数の組に対して

$$\sum_{x=a}^{b-1} f(x) = \Big[F(x)\Big]_a^b \tag{D.11}$$

が成り立つ．

つまり数列 $f(x)$ の和は，その和分 $\Sigma f(x)$ が分かれば求められてしまうのである．

注意．これも微積分学において $f(x)$ の不定積分の 1 つを $F(x)$ とすると

$$\int_a^b f(x)dx = \Big[F(x)\Big]_a^b \tag{D.12}$$

が成り立つ，ということと並行している．式 (D.11) の左辺の「離散的な和」$\displaystyle\sum_{x=a}^{b-1} f(k)$ に，式 (D.12) の左辺の「連続的な和」$\displaystyle\int_a^b f(x)dx$ が対応するのである．

例 D.1．$1\cdot 2 + 2\cdot 3 + \cdots + n(n-1) = \displaystyle\sum_{x=2}^{n} x(x-1)$ をこの命題を用いて求めてみよう．式 (D.11) の左辺と見比べると

$$a=2, b=n+1, f(x) = x(x-1) = x^{\underline{2}}$$

という場合に対応している．したがって $x^{\underline{2}}$ の和分が分かればよいが，すでに命題 D.7 より $\Sigma(x^{\underline{2}}) = \dfrac{x^{\underline{3}}}{3}$ であることがわかっているから

$$\begin{aligned}
\sum_{x=2}^{n} x(x-1) &= \left[\frac{x^{\underline{3}}}{3}\right]_2^{n+1} && (\Leftarrow \text{命題 D.8}) \\
&= \frac{1}{3}\{(n+1)^{\underline{3}} - 2^{\underline{3}}\} && (\Leftarrow [\ ]\ \text{の定義}) \\
&= \frac{1}{3}\{(n+1)n(n-1) - 2\cdot 1\cdot 0\} && (\Leftarrow x^{\underline{3}}\ \text{の定義式 (D.5)}) \\
&= \frac{1}{3}(n+1)n(n-1)
\end{aligned}$$

というようにして簡単に，しかも機械的に求められる．

例 **D.2**. $\dfrac{1}{1\cdot 2}+\dfrac{1}{2\cdot 3}+\cdots+\dfrac{1}{n(n+1)}=\displaystyle\sum_{x=1}^{n}\frac{1}{x(x+1)}$ を求めてみよう．式 (D.11) の左辺と見比べると

$$a=1, b=n+1, f(x)=\frac{1}{x(x+1)}=x^{\underline{-2}}$$

という場合に対応している．ここで命題 D.7 より $\Sigma(x^{\underline{-2}})=\dfrac{x^{\underline{-1}}}{-1}=-\dfrac{1}{x}$ であったから

$$\begin{aligned}\sum_{k=1}^{n}\frac{1}{k(k+1)}&=-\left[\frac{1}{x}\right]_1^{n+1} && (\Leftarrow \text{命題 D.8})\\ &=-\left(\frac{1}{n+1}-\frac{1}{1}\right) && (\Leftarrow [\,]\text{の定義})\\ &=\frac{n}{n+1}\end{aligned}$$

というように簡単に求められる．

D.4　ライプニッツ：三角数の逆数の和

ライプニッツはその論文「De Summa Numerorum Triangularium Reciprocorum（三角数の逆数の総和について）」（⇐ 最初に揚げた文献では 33 ページにわたる長い序文のすぐあとにある）において，三角数の逆数の無限和について考察している．ここで n 番目の三角数 t_n とは

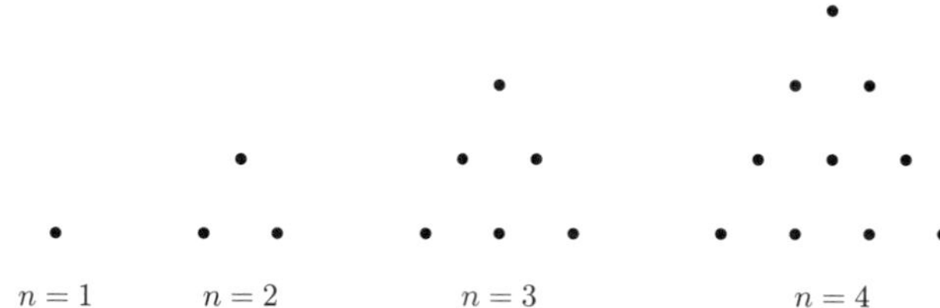

のように，正三角形状に点を 1 個，2 個，…，n 個と並べたときの点の総数をいう．したがってそれは「初項 1，公差 1 の等差数列の和」であり

$$t_n=1+2+\cdots+n=\frac{n(n+1)}{2}$$

と表される．ライプニッツはこの三角数の逆数の無限和，すなわち

$$\frac{2}{1\cdot 2}+\frac{2}{2\cdot 3}+\frac{2}{3\cdot 4}+\cdots$$

を考察し，私たちの記号でいえば $\Delta\left(\dfrac{1}{x}\right)=\dfrac{1}{x(x+1)}$ に相当することを発見し，上の例 D.2 と同様にして

$$\frac{2}{1\cdot 2}+\frac{2}{2\cdot 3}+\cdots+\frac{2}{n(n+1)}=\frac{2n}{n+1}=2-\frac{2}{n+1}$$

であることを導いた．そしてこの右辺で $n\to\infty$ とすれば値が 2 となることから

$$\frac{2}{1\cdot 2}+\frac{2}{2\cdot 3}+\frac{2}{3\cdot 4}+\cdots=2$$

であることを見出した．

また無限等比級数の和についても，例えば公比が $\dfrac{1}{3}$ の場合にあたる

$$1+\frac{1}{3}+\frac{1}{9}+\frac{1}{27}+\cdots=\sum_{x=0}^{\infty}\left(\frac{1}{3}\right)^x$$

については，各項の差分が

$$\begin{aligned}\Delta\left(\frac{1}{3}\right)^x&=\left(\frac{1}{3}\right)^{x+1}-\left(\frac{1}{3}\right)^x\\&=\left(\frac{1}{3}\right)^x\cdot\left(\frac{1}{3}-1\right)\\&=\left(-\frac{2}{3}\right)\cdot\left(\frac{1}{3}\right)^x\end{aligned}$$

であることに気づいたことがきっかけであった．したがって和分の定義によって

$$\Sigma\left\{\left(-\frac{2}{3}\right)\cdot\left(\frac{1}{3}\right)^x\right\}=\left(\frac{1}{3}\right)^x$$

が成り立つこと，すなわち

$$\Sigma\left(\frac{1}{3}\right)^x=\left(-\frac{3}{2}\right)\left(\frac{1}{3}\right)^x$$

であることがわかり，命題 D.8 を適用すれば

$$\begin{aligned}\sum_{x=0}^{n}\left(\frac{1}{3}\right)^x&=-\frac{3}{2}\left[\left(\frac{1}{3}\right)^x\right]_0^{n+1}\\&=-\frac{3}{2}\left\{\left(\frac{1}{3}\right)^{n+1}-\left(\frac{1}{3}\right)^0\right\}\\&=\frac{3}{2}-\frac{1}{2\cdot 3^n}\end{aligned}$$

となるから，あとは $n \to \infty$ としてライプニッツは

$$\sum_{x=0}^{\infty} \left(\frac{1}{3}\right)^x = \frac{3}{2}$$

を得ることができたのである．

さらに膨大な量の計算を通して，命題 D.8 の注で述べた意味で，その連続版としての式 (D.12) に到達したのであった．

第四部　数学の勉強法

i　「勉強」の語源

勉強というと，物事を学習する，という意味でよく使いますが，この文章を書くに当たって改めてその語源を調べてみました．すると，中国のいわゆる「四書」のうちの一つ「中庸」にすでに使われており，その第二十章の終わりのほうに次の文章があります：

「知仁勇三者，天下之達徳也，···，或安而行之，或利而行之，或勉強而行之，及其成功，一也.」

訳すと以下のようになります：

「知（知識），仁，勇（勇気）の三つは天下不変の徳である．···．ある者はこれらを易々と行い，ある者はこれらを自分の利益のために行い，ある者は多大な努力によって行う．しかしひとたびその行為がなされたならば，同じことになる.」

このように，もともと「勉強」は「多大な努力」という意味で使われており，だからこそお店で「おっちゃん，もうちょっと勉強してんか」と値切るときの言葉づかいも,「おっちゃんが多大な努力をして値引きする」という意味が元にあると思われます．ですから，学習の場面で「勉強」と言ったら，本来なら「多大な努力をして学習する」ことになるのではないでしょうか．

数学のどの分野も，やはり易々と身につくものではなく,「多大な努力をして」こそ真の理解が得られる，ということが,「勉強」の語源からもうかがわれます．しかし，具体的にどのように「多大な努力」をすればよいのでしょうか．そこを私自身の経験も振り返りながら，お話ししていきたいと思います．

ii　まず覚えよう

たとえば「6×3 は？」と聞かれたらすぐに「18」と答えられるでしょう．小学校で覚え（させられ）た「九九」のおかげです．それを基本として 2 桁，3 桁の掛け算や，それだけでなく割り算もできるようになっている．いちいち「九九」の表を見ながら「345×678」を筆算でやることを想像してみてください．「九九」の記憶の恩恵がわかるでしょう．

では微積分で「九九」に当たるのは何か．それは次の五つの公式です：

$$
\begin{aligned}
(x^n)' &= nx^{n-1} \\
(\sin x)' &= \cos x \\
(\cos x)' &= -\sin x \\
(e^x)' &= e^x \\
(\log x)' &= \frac{1}{x}
\end{aligned}
$$

とにかくこの五つを覚える．「数学 III」をやっていないんで，という人もこれだけまず覚えておけばあとはちょっとした応用です．そして「ろくさんじゅうはち」のときのように，「サインの微分はコサイン」と自然に口から出てくるようにしたい．それにはいくつも計算問題をやってみる．手を動かして覚えるのが大事です．

線形代数でも事情は同じです．「行列の三種類の基本変形」をはじめの頃に習うでしょう．その三つをとにかく覚える．もちろんこの時も，いくつも練習問題を自分の手を動かしてやってみることが大事です．いろいろな概念，ランクとか次元とか像とか，が出てきますが，基本変形ができるようになっていればどれも大したことはありません．

iii 数学は厳密である？

上で言ってきたようなことを聞くといやな顔をする数学者もいます．「数学はいくつかの公理に基づいて厳密に論証を展開していくものであり，その学習（勉強）も教育もその流れ通り進めなければならない」と主張し，実践します．私自身も大学 1 年生のときに「微積分」と「線形代数」を習いましたが，「微積分」は「実数の構成」をいわゆる「有理数の切断」に基づいて延々と行ったのちに「ϵ-δ 論法」を使って「連続性」，「微分可能性」等を厳密に定義していく，というスタイルでしたし，「線形代数」も「線形空間の公理」（10 個くらいある）から始めて，あらゆることを厳密に証明していく，というものでした．当然全くわかりませんでした．

ではその数学者に「$6 \times 3 = 18$」について質問してみましょう．もし私なら「6 に 3 を掛けるというのは，6 を 3 個足すことであり，$6+6+6$ が $12+6$ で 18 になるから正しい」と説明します．しかし彼は「6 を 3 個足すとは，$(6+6)+6$ と $6+(6+6)$ が等しいことを前提としているのであり，足し算が結合法則をみたすことを確認しておくべきである」とまず文句を言い，さらに「$6+6=12$ が成り立つのは十進法だからであり，そのうえ $6+6=6+(4+2)=(6+4)+2=10+2=12$ という計算をしているのだから，やはり結合法則を使っているはずだ」とケチをつけてくるでしょう．そして「整数の足し算は自然数の足し算に基づいており，自然数の足し算はペアノの公理系から厳密に構成されるべきものである」と悦に入るかもしれません．

数学の研究者になるのならいざ知らず，いやそうだったとしても，数学のいろいろな分野を初めて学ぶときに，つねに公理から一歩一歩論理を積み上げげながら進んでいく，という方法は，一見厳密性を尊ぶようですが，実は学ぶ者のせっかくの好奇心や興味を失わせてしまう危険のほうが大きい．それで，「まず覚えることからはじめよう」と言ったのです．微積分で言えば，あの五つの公式だけでいろいろな図形の面積や体積が計算できたり，線形代数で言えば，三つの基本変形だけで4次元の世界のしくみを垣間見ることもできるのです．そして学習が進んで，「なぜこの公式が成り立つんだろう，なぜこんなにうまくいくんだろう，なぜこんなにきれいなんだろう」という疑問が出てきたらそのときが勉強のチャンスで，はじめに敬遠していた厳密性，公理的な論理展開が実は物事の理解を深めるんだ，ということがわかってきます．

最初に「勉強」は「多大な努力」を要する，と言いました．その通りなのですが，しかし，ひとたび自分の中に自然な好奇心が生まれると，それが動機となって努力が苦にならなくなる，むしろ我を忘れて集中してしまい，後で振り返ってみると，「ああよく勉強したなあ」という時間，充実した時間となっているものです．

iv　数学の本を読む前に：書く立場

読み方の前に，どのように数学の本が書かれているか，というお話をします．少し大きな本屋の数学のあたりに行くと，微積分や線形代数の本だけでも数十冊は並んでいます．しかし読者の立場や予備知識を考えて書かれたものは意外に少ないのです．私自身いくつか教科書を書いてきましたが，著者として「だれか数学がわかる人に読まれたときに，いい加減な書き方ではみっともない」という気持ちが強くなって，「定義をちゃんと書いて，定理も仮定を明示してしかもなるべく一般的な定式化に」しようとしたことが多々あります．その気持ちに打ち勝ちながらできるだけわかりやすいように，特に初めてその分野に触れる人がつまづいてしまう箇所に説明の重点をおきながら書いているつもりです．

一例をあげましょう．線形代数で「行列式」という大事な概念がありますが，たいていの教科書はそれを厳密に定義しようとして

$$\sum_{\sigma \in S_n} \prod_{1 \leq i \leq n} \mathrm{sgn}(\sigma) a_{i\sigma(i)} \qquad (*)$$

という複雑な式を持ち出します．あえて説明すると，S_n は「n 文字の置換の全体の集合」，$\prod_{1\leq i\leq n} f(i)$ は「関数 $f(i)$ の $i=1$ から $i=n$ までの値の全部の積」，$\mathrm{sgn}(\sigma)$ は「置換 σ の符号」，$a_{i\sigma(i)}$ は「行列 $A=(a_{ij})$ の第 $(i,\sigma(i))$-成分」という意味ですが，このそれぞれの意味がまたかなりの予備知識を必要とする概念になっています．しかし行列式を実際に計算するには，先ほど述べた「三種類の基本変形」を使えば驚くほど簡単にできてしまうのです．少なくとも私自身の線形代数の本はその立場で書いていますし，研究においても行列式を計算しなければならない場面にしょっちゅう出会いますが，いつも基本変形を使ってやっています．先ほどの超厳密派の数学者でもきっとそうしているはずです．上の複雑な定義で具体的に計算することはあり得ません．

$(*)$ のような式が必要ない，と主張しているのではありません．もし将来数学をもっと深く学びたい，と考えているなら必ずこの式の中身を理解しておく必要があります．しかし工学系の分野で行列式を使う，というのなら $(*)$ に出てくる置換などの概念の理解よりも，行列式がどのような性質を持っているか，いろいろなものの体積計算に使えることや，多変数の微積分の変数変換公式にも使える，という知識の方がはるかに重要だと思います．そして理系に進むのであっても，i で述べた「まず覚えよう」，まずは計算ができるようになること，それが将来の勉強への第一歩です．

v 数学の本の読み方・選び方

前項でも述べたように，数学の本は厳密派向きのほうが多いものです．微積分や線形代数ならまだしも，少し進んだテーマについての本やさらには論文になってくると，たいていは定義，定理，証明という順ですきを見せないように書いてある．私自身も論文としてまとめるときはそういう流儀で書かざるを得ません．ではそのタイプのものをどうやって読んでいくか．これも裏話が参考になるでしょう．数少ない定理を私が見つけたときの話です．まずはいくつもの例を手で計算して行きます．（以前に 48 行 120 列の行列の基本変形を，何枚もの紙をノリで貼り合わせて計算したことがあります．）最近は Mathematica などの強力な計算ソフトがあって，それにご厄介になることも多いのですが，逆に計算結果があまりにあっさり出過ぎて本質が見えない恨みがあり，わざと途中経過をいちいち打ち出すプログラムを作りながら使っています．するといくつかの計算例に共通して現れるパターンに気づき，「これは一般化できそうだ」というにおいを感じることがあります．そしてそれを定理として定式化し，多大な努力を払ってようやく証明が完成する，という道筋で論文になっていくのが普通です．他の数学者と話しても同じような苦労をして論文を仕上げているということをよく耳にします．ということは，そのような本や論文を出来上がったものとして後から読む私たちも，定理の発見の元となった例を知ることができれば，それを通して理解することで，発見の喜びを追体験することにもなり，その定理の本質をより自然に自分のものにすることができるでしょう．

したがって「よい数学の本（そして論文）」とは，そのような典型的な例，その定理や定義の本質を自然に想像させるような例を省略せずに載せてある本や論文である，と言っていい．建築現場に例えればその足場を残してくれている，あるいは建てていった手順を秘密にしない，といった本です．ですから初めて学ぶ人は，どれがそのように手の内を明かしてくれていて定評のある本や論文なのか，ということを先生や先輩に尋ねて教えてもらうとよいでしょう．つねに例を通して理解することを心がけるのが大事であり，よい本はそんな態度で勉強しようとする人を助けてくれるものです．

vi　終わりに：ラマヌジャンのこと

$$e^{\sqrt{163}\pi}$$

これがどんな数かわかりますか．インドの数学者ラマヌジャン（Srinivasa Ramanujan，1887/12/22-1920/4/26）は，この数がほとんど整数である，ということを発見しました．実際は

$$e^{\sqrt{163}\pi} = 262537412640768743.99999999999925007\cdots$$

であることを今ならパソコンですぐに確かめられます．小数点以下「9」がなんと 12 個も続くことに驚かされるでしょう．もちろんラマヌジャンの頃にパソコンも電卓もありませんから，彼はこれを手で計算したのです．それにそもそもなぜ $e^{\sqrt{163}\pi}$ なのか．実はこの数が整数に異常に近いことの背後には深い数学的現象が隠されていることが今ではわかっています．その説明には「2 次体のイデアル類群の構造論」という代数学の理論，「楕円モジュラー関数論」という解析学の理論が使われます．前に述べた「よい具体例から定理を想像（創造）する」という話の極致がここにあるのです．

ラマヌジャンはその短い生涯に数千にもおよぶ公式や定理を発見し，それを書きつけたノートも残されています．しかしほとんど証明はつけられておらず，後世の数学者たちが多大な努力をして正しいことを確認するのですが，彼自身の数学の知識は 15 歳の頃に出会った「純粋数学要覧」という数学公式集だけだったそうですから，彼が得た膨大な公式はどれも数への超人的な愛着（執着）

から生まれたと言うしかありません．むしろ今私たちが持っている数学の知識のほうが，当時のラマヌジャンより多いのではないでしょうか．ですから私たちが数学に深い愛着を持って，いつまでも素朴な好奇心を持ち続けるならば，彼には到底及ばないにしても，数学の理解さらには創造にきっとつながっていくと思います．

演習問題　解答

第 1 章

1. (1) $3x^2-4x+3$　(2) $4x^3\sin x+x^4\cos x$　(3) $\dfrac{x^4-3x^2}{(x^2-1)^2}$

(4) $60(3x-1)^{19}$　(5) $-3x^2\sin x^3$

2. $y=8x+4$

3. $x=\dfrac{1}{3}$ のとき極大値 $\dfrac{4}{27}$, $x=1$ のとき極小値 0.

4. $\dfrac{1}{12}$

第 2 章

1. $1+\dfrac{x^2}{2!}+\dfrac{x^4}{4!}+\dfrac{x^6}{6!}+\cdots$

2. $\dfrac{4}{15}$

3. $\cos 3x=4\cos^3 x-3\cos x$, $\sin 3x=3\sin x-4\sin^3 x$

第 3 章

1. (1) $5\cos 5x$　(2) $6\sin(-6x)$　(3) $100e^{100x}$　(4) $2x\cos x^2$

(5) $2\sin x\cos x$

2. (1) $\dfrac{1}{\sqrt{x^2+1}}$　(2) $\tan x$

3. $1+\dfrac{x}{3}-\dfrac{x^2}{9}+\dfrac{5x^3}{81}$

第 4 章

1. (1) $\dfrac{1}{2}$　(2) $\dfrac{1}{3}$

2. (1) 1　(2) -1

第 5 章

1. (1) $\dfrac{1}{3\sqrt[3]{x^2}}$　(2) $\dfrac{1}{2x}$　(3) $\dfrac{1}{\sqrt{4-x^2}}$

2. (1) 1　(2) 1

第 6 章

1. (1) $\frac{5}{4}$　(2) $y = \frac{5}{4}x - \frac{23}{4}$

2. (1) $4t$　(2) $y = x^2 + 2x - 3$

3. (1) $-\frac{4\cos t}{3\sin t}$　(2) $\frac{(x-1)^2}{9} + \frac{(y-2)^2}{16} = 1$

第 7 章

1. (1) 漸化式は $x_{i+1} = \frac{x_i^2 + 6}{2x_i}$. $x_1 = \frac{5}{2}, x_2 = \frac{49}{20}$.

2. (1) 漸化式は $x_{i+1} = \frac{x_i^2 + 1}{2x_i - 1}$. $x_1 = 2, x_2 = \frac{5}{3}, x_3 = \frac{34}{21}$.

第 8 章

1. (1) $\frac{x^3}{4} + \frac{x^3}{3} + \frac{x^2}{2} + C$　(2) $-2\cos x - 3\sin x + C$

2. (1) $-\frac{1}{6}$　(2) 1

3. $\frac{9}{2}$

第 9 章

1. (1) $\sin x^3 + C$　(2) $e^{x^2+3x} + C$　(3) $-\log\cos x + C$

(4) $\frac{(5x+3)^{21}}{105} + C$　(5) $-\frac{\cos(6x-5)}{6} + C$

(6) $\frac{1}{2}\log(x^2+1) + C$

2. (1) $\int \cos^3 x dx = \int (1 - \sin^2 x)\cos x dx = \sin x - \frac{\sin^3 x}{3} + C$

(2) $\int \sin^5 x dx = \int (1 - \cos^2 x)^2 \sin x dx$

$= -\cos x - \frac{2\cos^3 x}{3} - \frac{\cos^5 x}{5} + C$

第 10 章

1. (1) $x\sin x + \cos x + C$　(2) $(x^2 - 2x + 2)e^x + C$

(3) $x\log x - x + C$

2. $\displaystyle\int x^n e^x dx = e^x \sum_{k=0}^{n} (-1)^k \frac{n!}{(n-k)!} x^{n-k}$. なぜなら $I_n = \displaystyle\int x^n e^x dx$ とおくと，部分積分によって漸化式 $I_n = x^n e^x - nI_{n-1}$ が得られ，これを利用して数学的帰納法によって導かれるからである．

第 11 章

1. (1) $\log \dfrac{(x+1)^2}{x+2} + C$ (2) $\log(x+2)^2(x-3) + C$

(3) $x^2 + \log(x+3)^2(x+2) + C$ (4) $\log \dfrac{(x-4)^3}{(x-1)^2(x-3)} + C$

2. (1) $\dfrac{4}{(x+1)(x-1)^2} = \dfrac{A}{x+1} + \dfrac{B}{x-1} + \dfrac{C}{(x-1)^2}$ の両辺に $(x+1)(x-1)^2$ を掛けると $A(x-1)^2 + B(x+1)(x-1) + C(x+1) = 4$ (*) となり，この両辺に $x = -1$, $x = 1$ を代入して $A = 1, C = 2$ を得る．さらに (*) の両辺を微分した式 $2A(x-1) + 2Bx + C = 0$ に $x = 1$ を代入して $2B + C = 0$，したがって，$B = -1$ となる．よって $\dfrac{4}{(x+1)(x-1)^2} = \dfrac{1}{x+1} - \dfrac{1}{x-1} + \dfrac{2}{(x-1)^2}$.

(2) $\displaystyle\int \frac{4}{(x+1)(x-1)^2} dx = \int \left(\frac{1}{x+1} - \frac{1}{x-1} + \frac{2}{(x-1)^2} \right) dx$

$= \log \dfrac{x+1}{x-1} - \dfrac{2}{x-1} + C$

第 12 章

1. (1) $x + \arctan x + C$ (2) $x + 3\arctan x + \log(x^2+1) + C$

(3) $3\arctan(x+2) + C$

(4) $2x + \log(x^2+4x+5) + \arctan(x+2) + C$

(5) $\log(x-1)^3 - 2\arctan x + C$

(6) $\log \dfrac{(x-1)^3}{x^2+6x+10} - 3\arctan(x+3) + C$

第 13 章

1. (1) $\dfrac{2}{5}(x+4)(x-1)^{\frac{3}{2}} + C$ (2) $2\sqrt{x-1} - 2\arctan\sqrt{x-1} + C$

2. (1) $\dfrac{1}{2}x\sqrt{x^2+3} + \dfrac{3}{2}\log(x + \sqrt{x^2+3}) + C$

(2) $\log(2(x + \sqrt{x^2+x+1}) + 1) + C$

第 14 章

1. (1) $f_x = 2xy^3, f_y = 3x^2y^2, f_{xx} = 2y^3, f_{xy} = 6xy^2, f_{yy} = 6x^2y$

(2) $f_x = 6x^2 - 3y^2, f_y = -6xy - 8y, f_{xx} = 12x, f_{xy} = -6y,$
$f_{yy} = -6x - 8$

(3) $f_x = 3\cos(3x + 4y), f_y = 4\cos(3x + 4y), f_{xx} = -9\sin(3x + 4y),$
$f_{xy} = -12\sin(3x + 4y), f_{yy} = -16\sin(3x + 4y)$

(4) $f_x = 2xe^{x^2+y^2}, f_y = 2ye^{x^2+y^2}, f_{xx} = (4x^2 + 2)e^{x^2+y^2},$
$f_{xy} = 4xye^{x^2+y^2}, f_{yy} = (4y^2 + 2)e^{x^2+y^2}$

2. (1) $f_x = (2x - y - z)(y - z), f_y = (x - 2y + z)(x - z),$
$f_z = (-x - y + 2z)(x - y)$

(2) 0

第 15 章

1. (1) $z = 4x - 2y - 3$　(2) $z = 5x + 7y - 11$

2. (1) $3x - 2y = 5$　(2) $ax_0x + by_0y = c$

3. (1) $ax + by + cz = 1$　(2) $13x + 13y + 10z = 75$

第 16 章

1. (1) $(x, y) = (0, -1)$ において極小となり，極小値は -2,
$(x, y) = (-2, 1)$ において極大となり，極大値は 6,
$(x, y) = (0, 1), (-2, -1)$ において鞍点となる．

(2) $(x, y) = ((2k + 1)\pi, (2\ell + 1)\pi)$ (k, ℓ は整数) において極小となり，極小値は -2,
$(x, y) = (2k\pi, 2\ell\pi)$ (k, ℓ は整数) において極大となり，極大値は 2,
$(x, y) = ((2k+1)\pi, 2\ell\pi), (2k\pi, (2\ell + 1)\pi)$ (k, ℓ は整数) において鞍点となる．

(3) $(x, y) = (\pm 1, \pm 1)$ において極小となり，極小値は -2,
$(x, y) = (0, 0)$ において鞍点となる．

2. $f_x = 2ax + by, f_y = bx + 2cy, f_{xx} = 2a, f_{xy} = b, f_{yy} = 2c$ より，$\det H_f(0, 0) = 4ac - b^2$．したがって，$4ac - b^2 > 0, a > 0$ のとき原点において極小，$4ac - b^2 > 0, a < 0$ のとき原点において極大，$4ac - b^2 < 0$ のとき原点において鞍点，$4ac - b^2 = 0$ のときは判定できない．

第 17 章

1. (1) $f_t = 3\sin t\cos t(\sin t - \cos t)$

(2) $f_t = 2t\cos t^2 - 3t^2\sin t^3$

2. (1) $f_r = 2r(\cos^2\theta - \sin^2\theta), f_\theta = -4r^2\sin\theta\cos\theta$

(2) $f_r = r\sin 2\theta, f_\theta = r^2\cos 2\theta$

第 18 章

1. (1) $\dfrac{21}{4}$ (2) $\dfrac{4}{3}$ (3) $\dfrac{8}{33}$ (4) $\dfrac{1}{2}$

第 19 章

1. 積分順序を交換すると $\displaystyle\int_0^1\left(\int_{\sqrt{y}}^1 xydx\right)dy.$

積分の値は $\dfrac{1}{12}$.

2. (1) 積分順序を交換すると $\displaystyle\int_0^1\left(\int_0^x e^{-x^2}dy\right)dx.$

積分の値は $\dfrac{1}{2}\left(1-\dfrac{1}{e}\right)$.

(2) 積分順序を交換すると $\displaystyle\int_0^1\left(\int_{\sqrt{y}}^1 \frac{x}{2-y}dx\right)dy.$

積分の値は $\dfrac{1}{2}(1-\log 2)$.

第 20 章

1. (1) 変数変換 $s = 2x + y, t = x + y$ を行う．x, y について解くと $x = s - t, y = -s + 2t$. したがって，関数行列式は

$$\det\begin{pmatrix} 1 & -1 \\ -1 & 2 \end{pmatrix} = 1.$$

また $D' = \{(s,t) | -1 \leq s \leq 1, -1 \leq t \leq 1\}$.

よって $\displaystyle\iint_D f(x,y)dxdy = \int_{-1}^1\left(\int_{-1}^1 (s+t)^2 ds\right)dt = \frac{8}{3}.$

(2) 変数変換 $s = x + y, t = x - y$ を行う．x, y について解くと

$x=(s+t)/2, y=(s-t)/2$. したがって，関数行列式は

$$\det\begin{pmatrix}\frac{1}{2} & \frac{1}{2}\\ \frac{1}{2} & -\frac{1}{2}\end{pmatrix}=-\frac{1}{2}.$$

また $D'=\{(s,t)|0\le s\le 1, 0\le t\le 1\}$.

よって $\iint_D f(x,y)dxdy=\frac{1}{2}\int_0^1\left(\int_0^1 te^s ds\right)dt=\frac{1}{4}(e-1)$.

2. (1) $\iint_D f(x,y)dxdy=\int_0^1\left(\int_0^{2\pi} r^2 r d\theta\right)dr=\frac{\pi}{2}$.

(2) $\iint_D f(x,y)dxdy=\int_1^e\left(\int_0^{2\pi}\frac{1}{r^2}rd\theta\right)dr=2\pi$.

(3) $\iint_D f(x,y)dxdy=\int_0^{\sqrt{3}/2}\left(\int_0^{2\pi}\frac{1}{\sqrt{1-r^2}}rd\theta\right)dr=\pi$.

著　者

硲　　文夫　　東京電機大学 名誉教授

大学生の微積分学

2011 年 3 月 30 日	第 1 版	第 1 刷	発行
2013 年 3 月 30 日	第 1 版	第 3 刷	発行
2014 年 3 月 30 日	第 2 版	第 1 刷	発行
2023 年 3 月 30 日	第 2 版	第 10 刷	発行
2024 年 3 月 30 日	第 3 版	第 1 刷	発行
2024 年 12 月 20 日	第 3 版	第 2 刷	発行

著　者　硲（はざま）　文夫（ふみお）
発行者　発田和子
発行所　株式会社 学術図書出版社
〒113−0033　東京都文京区本郷 5 丁目 4 の 6
TEL 03−3811−0889　振替 00110−4−28454
印刷　三松堂（株）

定価はカバーに表示してあります.

ISBN978−4−7806−1181−6　C3041